节气里的物理密码

邓仕民　李家启　主编

气象出版社
China Meteorological Press

内容简介

本书聚焦二十四节气的物候，融入重庆地区的气候特点，结合高中阶段物理知识，引导学生对天气气候进行观察、认知、探究，并通过小组式合作学习、气象观测、课题研究等方式，培养学生气象科学素养和科学精神。

本书可以是中学生了解传统文化二十四节气的读本，也可以是物理教师开设选修课的参考用书。

图书在版编目（CIP）数据

节气里的物理密码 / 邓仕民，李家启主编 . —北京：气象出版社，2021.3（2023.3 重印）
ISBN 978-7-5029-7401-5

Ⅰ．①节… Ⅱ．①邓…②李… Ⅲ．①二十四节气—青少年读物②物理学—青少年读物 Ⅳ．① P462-49 ② O4-49

中国版本图书馆 CIP 数据核字（2021）第 042983 号

节气里的物理密码
Jieqi Li de Wuli Mima

出版发行：气象出版社
地　　址：北京市海淀区中关村南大街 46 号　　　　**邮政编码：**100081
电　　话：010-68407112（总编室）　 010-68408042（发行部）
网　　址：http://www.qxcbs.com　　　　**E-mail：**qxcbs@cma.gov.cn
责任编辑：王凌霄　张锐锐　　　　　　　　**终　审：**吴晓鹏
责任校对：张硕杰　　　　　　　　　　　　**责任技编：**赵相宁
封面设计：楠竹文化
印　　刷：三河市君旺印务有限公司
开　　本：787 mm × 1092 mm　 1/16　　　**印　　张：**10.25
字　　数：260 千字
版　　次：2021 年 3 月第 1 版　　　　　　　**印　　次：**2023 年 3 月第 2 次印刷
定　　价：38.00 元

《节气里的物理密码》编委会

序 言

　　"春雨惊春清谷天,夏满芒夏暑相连,秋处露秋寒霜降,冬雪雪冬小大寒"。古时的农民将所有的农事活动,都按照历法节气来安排行事,所谓的春耕、夏耘、秋收、冬藏,四者不失时,故五谷不绝而百姓有余食也,道理就在于此。二十四节气以时节为经,以农桑为纬,蕴含着我国先民的伟大智慧,于2016年选入人类非物质文化遗产代表作名录,并享有"中国第五大发明"的美誉。

　　回望历史,关于二十四节气的说法,到秦汉时期已臻于完备。《淮南子·天文训》中就有关于二十四节气的系统记载。发展至今,二十四节气已从原有的天文、气候、物候、农耕和民俗扩展到文化、生物、物理等领域,和人类的衣食住行息息相关。古人"人法地,地法天,天法道,道法自然"的观念也在不断传承。

　　"东风化雨逐西风,大地阳和暖气生。"

　　"花气袭人知骤暖,鹊声穿树喜新晴。"

　　"银棉金稻千重秀,丹桂小菊万径香。"

　　"一朝秋暮露成霜,几份凝结几份阳。"

　　……

　　古人寄情于景,不负曼妙时节,以物候界定气候,细致地揣摩着天地性情。在肆意挥洒诗意豪情的诗句中也蕴藏着不少物理奥秘。

如今，有关二十四节气的科普读物和画册已出版较多并各具特色。《节气里的物理密码》以二十四节气为时间轴各自成章，寓节气于知识点，寓知识点于生活，将节气、古诗词、物理知识融会贯通。通过解读古人在不同节气中所见、所闻、所感，汇入该节气时全国和重庆的气候特征，引导学生感知和探索气象现象背后的物理奥秘。全书图文并茂，通俗易懂，值得一提的是，本书每个节气开篇均有重庆实景展现，极具地域特色，旨在引导学生关注身边的"气候密码"。

"纸上得来终觉浅，绝知此事要躬行。"该书除书内讲解外，还重点培养学生实际操作能力，各自节气章节后都配有相应的"实践活动"和"科学探究"版块，帮助学生在生活中探索气象和物理的联系，让学生学会运用科学方法处理气象数据，以提升学生的科研素养，获取自己的新见解。

古人感知时节的轨迹，洞察气候的规律，迎合它的"步履"，探索出"二十四节气"，彰显出中国人对宇宙和自然界认知的独特性及实践活动的丰富性，这也是人类文化多样性的生动见证。

愿这本汇聚了众多老师及气象工作者心血的好书，能够成为你学习自然知识的启蒙书籍，助你打开气象与物理的奥秘之门。

*

2020 年 7 月 20 日

---

* 顾建峰，重庆市气象局局长

前 言

　　每天的天气变化影响着我们的穿衣出行；一年的天气变化影响着农业、商业、工业等活动；短期气候骤变影响着我们的健康与安全；常年的气候变化改变着人们的生活模式。研究气象变化规律，对于适应天气与气候演变，改善人类的生存状况具有重要意义。

　　自古以来，人们都在研究气象，中国古代对知识渊博的人形容为"上知天文，下知地理"。历朝历代，有太史令、钦天监掌天时星历，为官方决策提供气象指导，这也是中华文明传承不绝的重要因素之一。

　　气象预测是一门影响因素众多的学问，即便以现有的超级计算机加上数学、物理等各种气象模型进行分析，气象预测也是一个概率事件。中华五千年的文明对气象学的研究自然有着厚重的积淀和瞩目的成就。历代学者通过观测天象、记录数据和分析，掌握了气候变化的一般规律，并用明确的历法指导着人们的生产生活，时至今日仍有着不可或缺的作用，这就是农历。

　　在中国，农历一年分为四季，有不同的特性，分别是"春生""夏长""秋收"和"冬藏"。即万物在春天出生、在夏天成长、在秋天收成（成熟）和在冬天藏起来（动物冬眠、植物落叶）。比四季更详尽的划分是二十四节气，是古人依据黄道面划分制定，反映了太阳对地球气候产生的影响，属太阳历范畴。它是中华民族悠久历史文化的重要组成部分，凝聚着中华文明的历史文化精华。在国际气象界，二十四节气被誉为"中国的第五大发明"。当今使用的农历吸收了干支历"二十四节气"成分作为历法补充，并通过"置闰法"调整来符合回归年，形成阴阳合历。

本书以春夏秋冬四季为线索，以二十四节气为抓手，结合高中阶段物理知识对天气现象进行学习、认知、探究，并通过小组式合作学习、气象观测、课题研究等方式，培养学生核心素养和关键能力。本书分春夏秋冬四章，二十四节气按照物候特点分布各章。总体来说，本书具有以下特点。

一是本书每节以节气相关的古诗词开头，通过解析诗词内容，引入节气知识和物候特征，让学生全方位认识二十四节气。

二是本书结合重庆气候特点，描绘每个节气的物候特征，进而阐述造成这种物候的原因，结合高中现行教材中的物理知识点，介绍相关天气气候现象、气象专业知识和防灾减灾避灾的方法措施，并进一步拓展课外阅读、科学探究等气象实践活动。

三是以"兴趣感染人、实践塑造人、创造幸福人"的校园气象科学教育理念，推动实践性气象观测与体验式气象教学相结合，探索以学生为主体开展气象科学研究，建立学校老师指导、气象专家辅导，推动互联网＋气象科学探究实践的模式，不断提高学生气象科学素质。

本书可以是中学生了解传统文化二十四节气的读本，也可以是物理教师开设选修课的参考用书。它以物理学科视角带领我们感知古时中国人民的独有智慧——二十四节气，希望本书能够为中华优秀传统文化的传承和创新贡献一份绵薄之力。

本书在编写过程中得到了重庆市气象局、重庆市教育科学研究院、重庆市气象服务中心和重庆市沙坪坝区气象局等单位的大力支持，以及编写团队的鼎力协助，再次致以衷心感谢！

邓仕民[*]

---

* 邓仕民，重庆市凤鸣山中学党委书记、校长。1968 年生，重庆开州人，硕士研究生，中学高级教师。先后荣获沙坪坝区"十佳校级干部"，区委人才办"首届沙磁名师""首批区委直接联系服务专家"，重庆市政府"教学成果一等奖"、重庆市"教育领域综合改革试点成果奖"、重庆市"中学骨干校长"、重庆市第二批"未来教育家型校长培养对象"，教育部第十期全国优秀中学校长高级研究班学员，华东师大教育学部"影子校长"培养计划项目导师。先后主持主研国家级、市级、区级教育科研重大课题、规划课题、重点课题 10 余项。在《人民教育》《教育探索》《今日教育》《中国教育报》《重庆日报》等报刊上发表文章或刊载办学经验近 20 篇。出版教育专著 3 本。

目　录

第一章
春

　　"一年之计在于春"，这个春就是指春季，是一年的第一个季节。从气象学上来说，春季是指连续 5 天滑动平均气温大于等于 10 ℃ 且小于 22 ℃ 的时段。二十四节气中将立春、雨水、惊蛰、春分、清明、谷雨六个节气定义为春季。

第一节 立春

《立春偶成》

［宋］张栻
律回岁晚冰霜少，春到人间草木知。
便觉眼前生意满，东风吹水绿参差。

这首《立春偶成》是南宋著名理学家、教育家张栻在立春日的感怀之作，描述的是立春天气渐渐转暖，草木复苏的景象。立春（公历 2 月 3—5 日）是二十四节气中的首个节气，古代一直作为春季的开始。

气温逐渐回升，是我国春季主要气候特征之一。春季气温回升，一是因为春季北半球开始倾向太阳，受到越来越多的太阳直射；二是因为冷空气势力逐渐减弱，暖空气势力逐渐增强。我国幅员辽阔，地形地貌复杂，各地入春时间不一，春季长短不一。重庆一般在立春节气后的 20 天左右进入春天，气温有较明显回升，日照时数显著增多，这个时节风吹在脸上不再凛冽，大部分地区呈现出春暖花开、青草萋萋的景象。

气温变化是季节更替的一个重要标志。让我们先来了解气象学上对气温的定义以及相关知识。

一 气温与气温观测

大气层中气体的温度是气温，是气象学常用名词。它直接受日射所影响：日射越多，气温越高。我国常用气温以摄氏温标（℃）表示。气象台站用来测量近地面空气温度的主要仪器是装有水银或酒精的玻璃管温度表。因为温度表本身吸收太阳热量的能力比空气大，太阳直晒下指示的读数往往高于它周围空气的实际温度，所以测量近地面空气温度时，通常都把温度表放在离地约 1.5 m 处四面通风的百叶箱里（图 1-1），这样才能保证测得气温的精准。

气温有定时气温（基本站每日观测 4 次，基准站每日观测 24

次），日最高、日最低气温。配有温度表的台站还有气温的连续记录。气温的单位用摄氏度（℃）表示，有的以华氏度（℉）表示，均取小数一位，负值表示零度以下。

在测量气温时，一般在百叶箱里面放有四个温度表，一个是最高温度表，一个是最低温度表，还有两个分别是干球温度表和湿球温度表。这四个温度表均为玻璃管式温度表，但感应液不同。其中最高温度

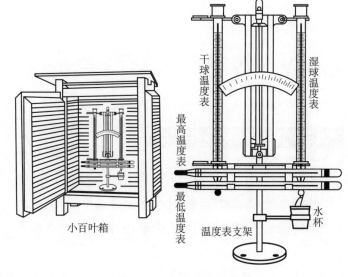

图 1-1　百叶箱气温的观测

表和干湿球温度表感应液均为水银，最低温度表感应液为酒精。最高温度表是测定一定时段内最高温度的温度表。其构造特点是在温度表的球部和细管的连通处特别狭窄。升温时，水银体积膨胀，通过狭窄处上升；降温时，球部水银体积收缩，狭窄处水银柱断裂，细管内的水银柱留在原处，顶端示度即为该时段的最高温度。观测后轻轻甩动温度表，使细管中的水银下落与球部水银相接，然后平放原位，待下次观测。最低温度表的感应液是酒精，它的毛细管内有一哑铃形游标。当温度下降时，酒精柱便相应下降，由于酒精柱顶端表面张力作用，带动游标下降；当温度上升时，酒精膨胀，酒精柱经过游标周围慢慢上升，而游标仍停在原来位置上。因此它能指示上次调整以来这段时间内的最低温度。

⚖ 物理知识点 ··

温度与温标

从微观上讲，温度是物体分子热运动平均动能的标志，温度越高，分子热运动越剧烈，反之亦然。它是大量分子热运动的集体表现，含有统计意义。对于个别分子来说，温度是没有意义的。从宏观上讲，温度是物体的冷热程度。如何测定温度呢？我们只能通过物体随温度变化的某些特性来间接测量温度，而用来量度物体温度数值的标尺称为温标。

温标规定了温度的读数起点（零点）和测量温度的基本单位。国际单位为热力学温标（K）。目前国际上用得较多的其他温标有华氏温标（℉）、摄氏温标（℃）。

1740年瑞典人摄尔修斯（Celsius）提出在标准大气压下，把冰水混合物的温度规定为0度，水的沸腾温度规定为100度。根据水这两个固定温度点来对玻璃水银温度计进行分度。两点间作100等分，每一份称为1摄氏度，记作1℃。摄氏温度已被纳入国际单位制。

热力学温度，又称开尔文温标、绝对温标，简称开氏温标，是国际单位制七个基本物理量之一，单位为开尔文，简称开（符号为 T，单位为 K）。热力学温度绝对零度是根据理想气体所遵循的规律（即理想气体状态方程 $pV=nRT$），用外推的方法得到的。用这样的方法，当温度降低到 -273.15 ℃时，气体的体积将减小到零。如果从分子运动论的观点出发，理想气体分子的平均平动动能由温度 T 确定，那么也可以把绝对零度说成是"理想气体分子停止运动时的温度"。

物理学中摄氏温度表示为 t，热力学温度（单位：开尔文）表示为 T，摄氏温度与热力学温度的关系是 $t=T-273.15$。摄氏度是表示摄氏温度时代替开尔文的一个专门名称，在数值变化上 1 K=1 ℃。

二 气温的垂直分布特征

在对流层，气温垂直分布的一般情况是随高度增加而降低，大约每升高100 m，气温降低 0.6 ℃，主要原因是对流层大气的主要热源为地面长波辐射，离地面愈高，受热愈少，气温就愈低。

但在一定条件下，对流层中也会出现气温随高度增加而上升的现象，或者地面上随高度的增加，降温变化率小于 0.6 ℃，称为逆温现象。

（一）逆温利弊分析

1. 好处

①可以抑制沙尘暴的发生，因为沙尘暴发生的条件是大风、沙尘、强对流运动。

②逆温出现在高空，对飞机的飞行极为有利。因为飞机在飞行中不会有大的颠簸，飞行平稳。同时，万里晴空提高了能见度，使飞行更加安全。

③在一些山坡或河谷地区，如中国新疆伊犁谷地，逆温从10月至翌年3月，长达半年之久。1月的坡地逆温层厚达400米，逆

温强度达 5 ℃。逆温带有效地提高了谷地在冬季的温度水平，多年生果树越冬可不必埋土，冻害得以避免或减轻，而且果实硬度高，品质好；在这里发展蔬菜种植，可减少热能投入，提高经济效益；逆温层坡地还是当地牲畜避寒、越冬的理想场所。从该地逆温资源开发利用的角度来说：逆温带的下部光热条件适中，一般以发展喜温凉的作物和蔬菜为主；逆温带的中部逆温现象强烈，冬暖夏凉，一般以发展果树和冬季蔬菜基地为主；逆温带的上部降水充裕，以发展林、草和药材为宜。如中国的四川盆地、云贵高原的坝子都受逆温的影响增温，是对农业生产有利的一面。

　　2. 坏处

　　不管是何种原因形成的逆温，都会对空气质量产生很大影响，它阻碍了空气的垂直对流运动，妨碍了烟尘、污染物、水汽凝结物的扩散，几十米甚至几百米厚的逆温层像一层厚厚的被子罩在城市的上空，近地面的污染物"无路可走"，只好"原地不动"，越积越厚，烟尘遮天蔽日，空气污染势必加重。

　　空气污染中毒事件大都与逆温有关。如果连续出现几天逆温，空气污染物就会大量积累，易发生空气污染中毒事件。如美国的工业小镇多诺拉，于 1948 年 10 月连续 4 天逆温，工厂及居民排放的空气污染物硫氧化物和烟尘不能及时扩散，使只有 14000 人的小镇，4 天内有 5900 人患病，20 多人死亡。1952 年发生在英国伦敦的烟雾事件也是与大雾和逆温有关，工厂和千家万户排出的烟尘、二氧化硫滞留在城市上空，4 天内有 5000 人死亡。发生在比利时的马斯河谷烟雾事件、洛杉矶光学烟雾事件等均与逆温天气有关。

（二）逆温成因

　　● 辐射逆温　经常发生在晴朗无云的夜空，由于地面有效辐射减弱，近地面层气温迅速下降，而高处大气层降温较少，从而出现上暖下冷的逆温现象。这种逆温黎明前最强，日出后自下而上消失。

　　● 平流逆温　暖空气水平移动到冷的地面或气层上，由于暖空气的下层受到冷地面或气层的影响而迅速降温（冷暖空气的温差较大），上层受影响较少，降温较慢，从而形成逆温。主要出现在中纬度沿海地区。

● 地形逆温 它主要由地形造成，发生在盆地和谷地中。由于山坡散热快，冷空气循山坡下沉到谷底，谷底原来的较暖空气被冷空气抬挤上升，从而出现气温的倒置现象。或者冬季冷空气质量重，易沉聚谷底，造成下冷上热的现象（例如：在地形逆温现象明显的谷底或山坡下方因为气温低，不宜种植果树）。

● 下沉逆温 在高压控制区，高空存在着大规模的下沉气流，由于气流下沉的绝热增温作用，致使下沉运动的终止高度出现逆温。这种逆温多见于副热带反气旋区。它的特点是范围大，不接地而出现在某一高度上。这种逆温因为有时像盖子一样阻止了向上的湍流扩散，如果延续时间较长，对污染物的扩散会造成不利的影响。

● 洋流逆温 寒流来临时，冷空气潜入暖空气下，带来干燥且多雾气候。

（三）逆温天气应对措施

为了避免逆温现象的不利影响，保护人类环境，维护人民生命财产的安全，一方面必须详细了解低层大气中的逆温层，找出其规律性，这样才能对于防止大气污染提供可靠的气象依据。另一方面要采取必要的措施，想方设法防止逆温层的产生，同时要减少或消除污染源，大力种树、种草、种花等，绿化、美化环境。

逆温天气，应调整户外活动和开窗通风时间。一般应选择10—15时这段时间进行户外活动和开窗通风，避开18时至第二天08时这个污染高峰时间。

逆温天气，生煤炉取暖者应格外小心煤气中毒。有逆温时，室内的空气污染物外排受阻，取暖煤炉产生的一氧化碳在室内越积越多，易发生煤气中毒，因此要格外小心，检查风斗是否好用，必要时开窗通风。

逆温天气，年老体弱和呼吸道疾病患者不要到室外活动。有逆温出现时，室外空气中的一氧化碳、二氧化硫、可吸入颗粒物等有害物质浓度要比非逆温时高出数倍乃至数十倍。而老年人、呼吸道疾病患者、妊娠妇女、婴幼儿等对这些污染物非常敏感，易受其害，因此更应引起重视。

实践活动 ••••••••••••••••••••••••••••••••••••••

1. 按照基本站定时气温观测要求,观测并记录学校气象站一天的气温,结合自动站逐时资料,画出气温的日变化曲线,并分析其原因。

2. 调查气温与体感温度的差异,以小组为单位,写一篇相关科普小文章。

科学探究 ••••••••••••••••••••••••••••••••••••••

以小组为单位,选择一个区县,查询其气温资料,分析其年际、季、月、日变化特征及其空间变化特征。

第二节　雨水

《七绝·雨水》

佚名
殆尽冬寒柳罩烟，熏风瑞气满山川。
天将化雨舒清景，萌动生机待绿田。

　　立春过后，迎来春季第二个节气，雨水（公历 2 月 18—20 日），正如诗中所描绘"冬天的酷寒已经褪去，柳树罩在烟云之中，微风带来的春意铺满山川。老天降下春雨荡涤出清新景象，萌发出的生机准备着把田野涂上绿色。"从这首诗我们也可以看出，随着春雨开始，温度正慢慢上升。

　　入春以后，东南风始吹，雨水开始增多。历书说："门指壬为雨水，东风解冻，冰雪皆散而为水"，民间也有"春雨贵如油""冬春雨水贵似油，莫让一滴白白流""一场春雨一场暖，一场秋雨一场寒"等俗语。同时雨水节气还是果树嫁接的好时间，有"雨水节，把树接"的农谚。

　　大气中雨水究竟是怎样形成的？气象学中降雨量又是如何测定的？我们来了解一下降雨相关知识。

一　降雨形成原理

　　当大量水蒸气随气流吹到某个地区，若该地区大气有强烈上升气流，水蒸气就会上升而凝结成云，根据上升运动速度可形成不同的云，如在积云中垂直速度可达到每秒几米，而在层云中垂直速度只有每秒几厘米。

　　降雨主要来自云中，但有云不一定有降雨。这是因为云滴的体积很小（通常把半径小于 100 μm 的水滴称为云滴，半径大于 100 μm 的水滴称为雨滴）。标准云滴半径为 10 μm，标准雨滴半径为 1000 μm。从体积来说，半径 1 mm 的雨滴相当于 100 万个半径为 10 μm 的云滴。一块云是否能降水，则意味着在一定时间内（例如 1 h）能否使 10^6 个云滴转变成一个雨滴。

使云滴增大的过程主要有：一为云滴凝结（或凝华）增长；一为云滴相互冲并增长。实际上，云滴的增长是这两种过程同时作用的结果。

（一）云滴凝结（或凝华）增长[1]

凝结（或凝华）增长过程是指云滴依靠水汽分子在其表面上凝聚而增长的过程。在云的形成和发展阶段，由于云体继续上升，绝热冷却，或云外不断有水汽输入云中，使空气中的水汽压大于云滴的饱和水汽压，因此云滴能够由于水汽凝结（或凝华）而增长。但是，一旦云滴表面产生凝结（或凝华），水汽从空气中析出，空气湿度减小，云滴周围便不能维持过饱和状态，而使凝结（或凝华）停止。因此，一般情况下，云滴的凝结（或凝华）增长有一定的限度。而要使这种凝结（或凝华）增长不断进行，还必须有水汽的扩散转移过程，即当云层内部存在着冰水云滴共存、冷暖云滴共存或大小云滴共存的任一条件时，产生水汽从一种云滴转移至另一种云滴上的扩散转移过程。但是，不论是凝结增长过程，还是凝华增长过程，都很难使云滴迅速增长到雨滴的尺度，而且它们的作用都将随云滴的增大而减弱。可见要使云滴增长成为雨滴，势必还有另外的过程，这就是冲并增长过程。

（二）云滴相互冲并增长

云滴经常处于运动之中，这就可能使它们发生冲并，大小云滴之间发生冲并而合并增大的过程，成为冲并增长过程。云内的云滴大小不一，相应地具有不同的运动速度。大云滴下降速度比小云滴快，因而大云滴在下降过程中很快追上小云滴，大小云滴相互碰撞而黏结起来，成为较大的云滴。在有上升气流时，当大云滴被上升气流向上带时，小云滴也会追上大云滴并与之合并，成为更大的云滴。云滴增大以后，它的横截面积变大，在下降过程中又可合并更多的小云滴。有时在有上升气流的云中，当大小水滴被上升气流

① 周淑贞. 气象学与气候学（第三版）[M]. 北京：高等教育出版社，1997.

携带而上时，小水滴也可以赶上大水滴与之合并。这种在重力场中由于大小云滴速度不同而产生的冲并现象，称为重力冲并。实际上大水滴下降时，与空气相对运动，空气经过大水滴，会在其周围发生绕流（如图1-2），半径为 r 的大水滴以末速度 v 下降的过程中，单位时间内扫过的体积是以 πr^2 截面的圆柱体，位于圆柱体中的小水滴只有一部分与大水滴碰撞，另一部分小水滴将随气流绕过大滴而离开，不发生碰撞。

水滴重力冲并增长的快慢程度与云中含水量及大小水滴的相对速度成正比。即云中含水量越大，大小水滴的相对速度越大，则单位时间内冲并的小水滴越多，重力冲并增长越快。

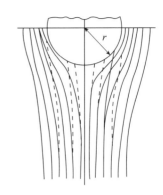

图 1-2 水滴的冲并
细实线表示气流；虚线为小水滴的轨迹线

二 降雨分类

现代气象学按降水量的大小，将降雨划分为微量降雨（零星小雨）、小雨、中雨、大雨、暴雨、大暴雨、特大暴雨7个等级（表1-1）。

表 1-1 不同时段的降雨量等级划分表

等级	时段降雨量	
	12 h 降雨量 /mm	24 h 降雨量 /mm
微量降雨（零星小雨）	<0.1	<0.1
小雨	0.1～4.9	0.1～9.9
中雨	5.0～14.9	10.0～24.9
大雨	15.0～29.9	25.0～49.9
暴雨	30.0～69.9	50.0～99.9
大暴雨	70.0～139.9	100.0～249.9
特大暴雨	≥140.0	≥250.0

三 降水观测

（一）雨量器

雨量器是观测降水量的仪器，它由雨量筒与量杯组成（见图

1-3）。雨量筒用来承接降水物，它包括承水器、贮水瓶和外筒。我国采用直径为20 cm正圆形承水器，其口缘镶有内直外斜刀刃形的铜圈，以防雨滴溅失和筒口变形。承水器有两种：一是带漏斗的承雨器，另一种不带漏斗的承雨器。外筒内放贮水瓶，以收集降水量。量杯为一特制的有刻度的专用量杯，其口径和刻度与雨量筒口径成一定比例关系，量杯

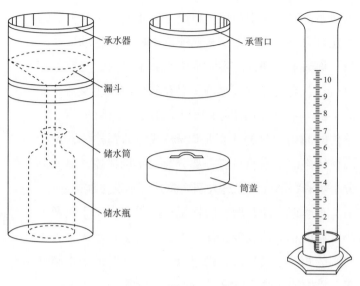

图 1-3　雨量筒及量杯

有 100 分度，每 1 分度等于雨量筒内水深 0.1 mm。

（二）翻斗式雨量计

双翻斗雨量传感器装在室外，主要由承水器（常用口径为20 cm）、上翻斗、汇集漏斗、计量翻斗、计数翻斗和干簧管等组成（见图 1-4）；采集器或记录器（见图 1-5）在室内，二者用导线连接，用来遥测并连续采集液体降水量。承雨器收集的降水通过漏

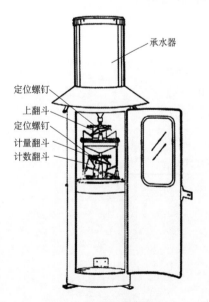

图 1-4　翻斗雨量传感器

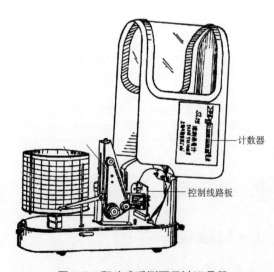

图 1-5　翻斗式遥测雨量计记录器

斗进入上翻斗，当雨水积到一定量时，由于水本身重力作用使上翻斗翻转，水进入汇集漏斗。降水从汇集漏斗的节流管注入计量翻斗时，就把不同强度的自然降水，调节为比较均匀的降水强度，以减少由于降水强度不同所造成的测量误差。当计量翻斗承受的降水量为 0.1 mm 时（也有的为 0.5 mm 或 1 mm 翻斗），计量翻斗把降水倾倒到计数翻斗，使计数翻斗翻转一次。计数翻斗在翻转时，与它相关的磁钢会对干簧管扫描一次，干簧管因磁化而瞬间闭合一次。这样，降水量每次达到 0.1 mm 时，就送出去一个开关信号，采集器就自动采集存储 0.1 mm 降水量。

 物理知识点 ....

杠杆原理

杠杆原理（lever principle）在初中物理教材中出现过。我们把一根能够绕着固定点旋转的硬棒称为杠杆，其五要素为：动力、阻力、动力臂、阻力臂和支点。

杠杆原理可以表述为：当杠杆处于平衡（静止或匀速转动）时，其动力与动力臂的乘积等于阻力与阻力臂的乘积。

即：$F_1 \times L_1 = F_2 \times L_2$

力学中也把力与其力臂的乘积称为力矩。

翻斗就是一种利用杠杆原理的简单机械装置，它利用水位上升后翻斗重心发生变化来工作。当重心超过杠杆支点一定距离后形成翻转力矩大于阻力力矩，使得翻斗失去平衡翻转。

（三）虹吸式雨量计

虹吸式雨量计是用来连续记录液体降水的自记仪器，它由承水器（通常口径为 20 cm）、浮子室、自记钟和虹吸管等组成（见图 1-6）。

有降水时，降水从承水器经漏斗进水管引入浮子室。浮子室是一个圆形容器，内装浮子，浮子上固定有直杆与自记笔连接。浮子室外连虹吸管。降水使浮子上升，带动自记笔在钟筒自记纸上划出记录曲线。当自记笔尖升到自记纸刻度的上端（一般为 10 mm）浮

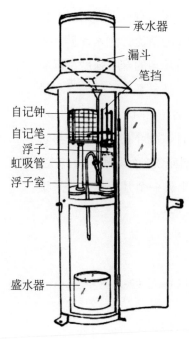

图 1-6 虹吸式雨量计

子室内的水恰好上升到虹吸管顶端。虹吸管开始迅速排水，使自记笔尖回到刻度"0"线，又重新开始记录。自记曲线的坡度可以表示降水强度。由于虹吸过程中落入雨量计的降水也随之一起排出，因此要求虹吸排水时间尽量快，以减少测量误差。

物理知识点

虹吸

虹吸（syphonage）是利用液面高度差产生的作用力使液体流动的现象。如图 1-7 所示，将液体充满一根倒 U 形的管状结构内后，将开口高的一端置于装满液体的容器中，容器内的液体会持续通过虹吸管向更低的位置流出。

虹吸的实质是因为液体压强和大气压强而产生。因为 $h_1 < h_2$，所以根据帕斯卡定律，$P_1 - \rho g h_1 > P_2 - \rho g h_2$，装置左管中的液体压强小于右管的液体压强，另外，在 B 点、C 点分别有大气压的作用，大气压表现为上低下高，但在此处 B 点与 C 点间高度相对地球的大

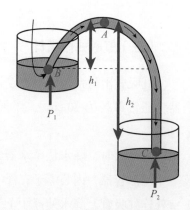

图 1-7 虹吸原理示意图

气压计算高度来说，可以忽略两者间的大气压强差值。所以 $P_1 - \rho gh_1 > P_2 - \rho gh_2$，那么在 A 左端的压强就大于 A 右端的压强，在大气压和液体压强的共同作用下，液体朝一个方向移动。

我国古人很早就懂得应用虹吸原理，应用虹吸原理制造的虹吸管，在我国古代称为"注子""偏提""渴乌"或"过山龙"。东汉末年出现了灌溉用的渴乌。宋朝曾公亮《武经总要》中，有用竹筒制作虹吸管把峻岭阻隔的泉水引下山的记载。在现代日常生活中，汽车野外缺油的紧急救援中也可以利用虹吸现象使用软管将其他汽车油箱中燃油提取出来加入待救车辆油箱，但要注意安全。

（四）双阀容栅式雨量传感器

该传感器也是用来自动测量降水量的仪器，主要由承水器、储水室、浮子与感应极板，以及信号处理电路等组成（见图1-8）。它是利用降水量贮水室内浮子随雨量上升带动感应极板，使容栅移位传感器产生的电容量变化，经转换为位移计量的原理测得降水量。

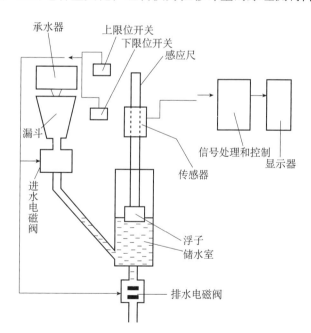

图1-8 双阀容栅式雨量传感器结构

⚖ 物理知识点 ....

电容式传感器

电容式传感器是以各种类型的电容器作为传感元件,将被测物理量或机械量转换成为电容量变化的一种转换装置,实际上就是一个具有可变参数的电容器。最常用的是平行板型电容器或圆筒型电容器。

以平行板型电容器为例,根据高中物理知识,平行板型电容的计算公式为 $C = \dfrac{\varepsilon S}{4\pi kd}$,实际测量中当板间距 d 发生变化时,电容值会随之发生变化,导致电路中出现充、放电流,因此可以用于位移、角度、振动、速度、压力等方面的测量。例如常见的电容式话筒,可很好地将空气振动转换为电信号。

📐 实践活动 ....

1. 雨天到学校气象观测站进行雨量观测。
2. 根据所学知识,以小组为单位设计一个简易雨量计,并撰写简易使用说明书。

☼ 科学探究 ....

为什么春天的雨都是细雨霏霏纷纷飘落?而夏天的雨却是一颗颗砸在了地上?请查阅相关气象知识,结合高中物理"收尾速度"模型对这一现象进行探究,并写出你的探究报告。

第三节　惊蛰

《观田家》

［唐］韦应物

微雨众卉新，一雷惊蛰始。

田家几日闲，耕种从此起。

丁壮俱在野，场圃亦就理。

归来景常晏，饮犊西涧水。

饥劬不自苦，膏泽且为喜。

仓廪无宿储，徭役犹未已。

方惭不耕者，禄食出闾里。

"微细的春雨令百草充满生机，一声隆隆的春雷惊蛰节令来临。种田人家一年能有几天空闲，田中劳作从惊蛰便开始忙碌起来。"这首诗前四句采用白描手法，语言简明而无雕饰，自然平淡，高度概括了中国农耕时代惊蛰时节的所见所闻。

惊蛰，春季的第三个节气，公历 3 月 5—7 日交节。"蛰"是藏的意思，"惊蛰"本意是指春雷乍动，惊醒了蛰伏在土中冬眠的动物。"春雷响，万物长"，这个时节正是大好的"九九"艳阳天，气温回升，雨水增多，我国大部分地区平均气温已升到 0 ℃以上，华北地区日平均气温为 3～6 ℃，江南为 8 ℃以上，而西南和华南已达 10～15 ℃，早已是一派融融春光了。我国劳动人民自古就很重视惊蛰节气，把它视为春耕开始的日子。

事实上，以现代气象观测技术来看，"惊蛰始雷"往往并不是真正意义上的第一声春雷，而是因为每年 3 月起，南方暖湿气团开始活跃，气温回升较快，春雷频频响动，雷雨天气逐步登上天气舞台。那么雷电到底是如何产生的？美国伟大科学家富兰克林在 1750 年 7 月就提出进行雷暴是否带电的实验的设想。这个实验在 1752 年 5 月由法国博物学家狄阿立拜所进行，证明雷暴是带电的。之后，富兰克林自己亲自做了多次实验，并在 1752 年夏季做了有名的风筝实验，证明了雷的本质就是电（图 1-9）。但应用近代科学的观点来解释大气中雷电的发生机理以及用现代科学手段来观测雷电已经是 20 世纪 60 年代以后的事，随着科学技术和探测手段的进步以及雷电、雷害机理的研究及其防护技术的需求，使大气雷电物理学有了长足的进步。

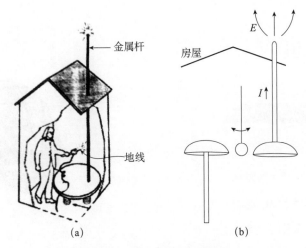

图 1-9 富兰克林的雷电实验
（a.验证雷暴云带电的实验；b.验证雷暴电极性的实验）

一　雷电产生的原因

观测表明，云中强烈起电现象常常出现于霰或雹等强烈降水过程，因此，出现霰与雹可以看作是雷暴起电的关键。雷电产生过程包括了热电效应和感应起电机制。

（一）热电效应的起电机制

通常雷暴云热电效应的起电机制有以下两种。

1.第一种起电机制

假定有一包含雹块或霰粒的混合云，如图 1-10a 所示，混合云中的过冷却水滴和小冰晶下落时与雹块相碰，过冷却水滴会放出很大的潜热，这样雹块表面温度变得较高，而冰晶温度较低，根据热电效应，冰晶就会带正电，而雹块带负电。若此冰晶下降的速度小于上升气流速度，带正电荷的冰晶就会被带到云的上部，而雹块一般下降速度较大，它就把负电荷带到云的下部。当冰晶与雹块在上升气流的作用下来回碰撞，最后就会形成在云上部是一个强正电荷区，而在云下部是一个强负电荷区的雷暴云，从而形成强的电势差。

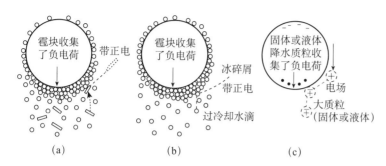

图 1-10 雷暴起电的三种机制示意图
(引自 WALLACE J M，HOBBS P V. 大气科学概观 [M].
上海：上海科学技术出版社，1981.)

2. 第二种机制

如图 1-10b 所示，一般当过冷却水滴冻结时会有无数小冰屑飞向空气。假设有过冷却水滴与雹块相碰，表面结成的冰壳就向水滴内部增厚，冰壳内表面与水相接，因而温度为 0 ℃，而冰壳外部位于低于 0 ℃的冷空气环境内，这就使冰壳内外形成温度梯度，于是在热电效应的作用下，冰壳的外表带正电，因此，从冰壳外表飞出的小冰屑带正电，而雹块带负电。由于上升气流的作用，小冰屑把正电荷带到云的上部，在云的上部形成正电荷区，而雹块下落，在云的下部形成负电荷区，从而也形成了强的电势差。

上述两种起电机制都是雷暴云中由于热电效应而产生电势差，故称热电效应的起电机制。

（二）感应起电机制

正如图 1-10c 所示，雷暴云的感应起电机制不是上面所述的热电效应而产生雷暴云的电势差，而是由于感应而产生雷暴云的电势差。在一般情况下，云质粒与降水质粒都要受到极化，极化的结果使它们下半部带正电，上半部带负电。当云质粒与向下落的降水质粒下部相碰时，云质粒的负电荷会传到降水质粒上，若云质粒从降水质粒弹开来，则带负电的降水质粒向下运动，而带正电荷的云质粒随上升气流向上运动，这就会使雷暴云中上部带正电，而下部带负电，从而产生雷暴云的电势差。

以上三种雷暴的起电机制是典型化了，实际上要比上述偶极电荷结构要复杂，经常在雷暴云能观测到三极电荷结构。

⚖️ **物理知识点** ···

热电效应

所谓的热电效应，是当受热物体中的电子（或空穴），因随着温度梯度由高温区往低温区移动时，所产生电流或电荷堆积的一种现象。而这个效应的大小，则是用称为thermopower（Q）的参数来测量，其定义为 $Q=-E/dT$（E 为因电荷堆积产生的电场，dT 则是温度梯度）。

冰也具有热电效应，即一块冰条，一端加热，另一端冷却，于是此冰条两端就会有一定的温度差，并且由于冰中水分子会分解正、负离子，温度高时，分解的正、负离子就多，所以，冰条暖的一端所含正、负离子就比冷端多。但是，由于离子会从高浓度向低浓度迁移，因此，离子会从冰条暖的一端向冷的一端迁移。然而，在冰条中正离子迁移率大，而负离子迁移率几乎为零。因此，在冰条的冷端形成正电荷区，而在冰条的暖端会形成负电荷区，并会阻止其后的离子迁移，从而维持了一个电势差。

热电效应也指温度与电压相互转化的现象。包括赛贝克效应，珀耳贴效应，汤姆逊效应等。

1. 赛贝克效应：有两种不同的导体组成的开路中，如果导体的两个结点存在着温度差，这开路中将产生感应电动势，这就是赛贝克效应。由赛贝克效应而产生的电动势称为温差电动势。

2. 珀耳贴效应：电流流过两种不同导体的界面时，将从外界吸收热量或向外界放出热量，这就是珀耳贴效应。由珀耳贴效应产生的热流量称为珀耳贴热。

3. 汤姆逊效应：电流通过具有温度梯度的均匀导体时，导体将吸收或放出热量，这就是汤姆逊效应。由汤姆逊效应产生的热流量，称为汤姆逊热。

现在生活中常见的车载半导体制冷冰箱的原理就是热电效应，一些民用的热泵空调也是利用这个原理来节能。

二　雷电的分类

雷电是大气中的放电现象，多形成于积雨云中，积雨云随着温度和气流的变化会不停地运动，运动中温差造成热电效应，就形成了带电荷的云层（雷云）。通常下部的雷云带负电，上部的雷云带正电。当某处积聚的电荷密度很大，造成电场强度达到空气电离的临界值，就为雷电的形成创造了条件。

根据关注的特征不同，雷电的分类有多种形式。

按照闪电通道是否触及地面，一般把闪电分为云地闪电和云闪两类；按照发生的空间位置的不同，云闪又可分为云内闪电、云际闪电和云空闪电。对闪电时发生的夺目亮光快速拍照，闪电的形状可分为线状、片状、连珠状和球状闪电。

1. 云地闪电

当雷云聚集大量电荷后，由于静电感应使云层下面的建筑物、树木等带有与云层异种的电荷，随着电荷的积累，雷云与地面间的电压逐渐升高，当带有不同电荷的雷云与大地凸出物相互接近到一定程度时，其间的电场强度超过 $25\sim30$ kV/cm，就将发生激烈的放电，同时出现强烈的闪光。由于放电时温度高达 2000 ℃，空气受热急剧膨胀，随之发生爆炸的轰鸣声，这就是云地闪电。

2. 云内闪电

在大气中有带正电的冰晶和带负电的水滴，由于它们的密度不一，于是形成了一种气流，使得带正电的冰晶和带负电的水滴分离，形成一部分带正电和一部分带负电的雷云。由于异种电荷的不断积累，不同极性的云块之间的电场强度不断增大；当某处的电场强度超过了空气可能承受的击穿强度时，就形成了云内闪电（图 1-11）。

图 1-11　云内闪电

3. 云际闪电

云际闪电指不同的雷云之间发生空气击穿放电的现象。

4. 云空闪电

云空闪电指雷云与大气之间的放电。

三　雷电的防护

自然条件下，雷暴云下方植被的尖端（如高大的树木）和建筑物顶部尖端放电，是自然大气中经常出现的典型电晕放电现象。自富兰克林通过风筝实验发明避雷针以来，避雷针、避雷线、避雷带、避雷网等已成为规范化、普遍化的防雷手段。众所周知，常规避雷针的原理是吸引雷打向避雷针自身，即对雷电进行拦截。如果避雷针拦截失败，使被保护物遭雷击，则称为雷电的绕击或屏蔽失败。人类对新的防雷方法探索从未停止，现阶段，主要采取的防雷方法有以下几种。

（一）避雷针防雷法

用避雷针防雷的方法，亦称富兰克林法，是18世纪50年代由美国著名物理学家富兰克林发明的，他通过著名的风筝探测实验知道雷电实际是天空雷云电场对地放电。基于此点，富兰克林提出避雷针原理，即利用避雷针高出被保护物的高度使雷雨云下的电场发生畸变，从而将雷电流吸引到避雷针上，通过引下线和接地装置导入大地，使被保护对象免遭雷电直击。

从避雷针防雷法应用示意图（图1-12）来看，避雷针可提供雷电只能击在避雷针上，但不能破坏以它为中心的一个伞形保护区。同样的原理，避雷带提供的是一个屋脊形的保护区，这个保护伞或保护区张开的角度受针或带的设置高度、雷电强度以及其他参数的影响，有的采用30°，有的采用45°或60°，尽管关于保护角计算公式很多，但保护角如何确定一直是富兰克林防雷理论的最大困扰所在。这个困扰在于理论的不完善性和实践中的不完全性。

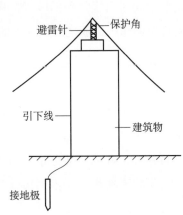

图1-12 避雷针防雷示意图

物理知识点 ••••••••••••••••••••••••••••••••••

尖端放电

在强电场作用下，物体表面曲率大的地方（如尖锐、细小物的顶端），等差等势面密集，电场强度剧增，致使它附近的空气被电离而产生气体放电，此现象称尖端放电，为电晕放电的一种，专指尖端附近空气电离而产生气体放电的现象。

1.在导体的带电量及其周围环境相同情况下，导体尖端越尖，尖端效应越明显。这是因为尖端越尖，曲率越大，面电荷密度越高，其附近场强也就越强。在同一导体上，与曲率小的部位相比，曲率大的部位就是尖端。因此，设备的边、棱、角相对于平滑表面，管道的喷嘴相对于管线，细导线相对于粗导线，人的手指相对于背部等等，前者都可认为是尖端，都容易产生尖端效应。而且，即使带电体没有尖端，而与之相邻近的接地导体具有尖端，由于静电感应，在接地体的尖端处会感应出异性电荷，它们之间也会产生尖端效应并与带电体之间发生放电。

2. 尖端放电的形式主要有电晕放电和火花放电两种。在导体带电量较小而尖端又较尖时，尖端放电多为电晕型放电。这种放电只在尖端附近局部区域内进行，使这部分区域的空气电离，并伴有微弱的荧光和嘶嘶声。因放电能量较小，这种放电一般不会成为易燃易爆物品的引火源，但可引起其他危害。在导体带电量较大电位较高时，尖端放电多为火花型放电。这种放电伴有强烈的发光和破坏声响，其电离区域由尖端扩展至接地体（或放电体），在两者之间形成放电通道。由于这种放电的能量较大，所以其引燃引爆及引起人体电击的危险性较大。

3. 火花型尖端放电随两极间距的减小而更易发生。这可由击穿电压随极间距离的减小而下降来说明。

4. 尖端放电的发生还与周围环境情况有关。环境温度越高越容易放电。因为温度越高，电子和离子的动能越大，就更容易发生电离。另外，环境湿度越低越容易放电。因为湿度高时空气中水分子增多，电子与水分子碰撞机会增多，碰撞后形成活动能力很差的负离子，使碰撞能量减弱。再者，气压越低越容易放电。因为气压越低气体分子间距越大，电子或离子的平均自由程越大，加速时间越长，动能越大，更容易发生碰撞电离。

一般的电子打火装置，避雷针，还有工业烟囱除尘的装置都是运用了尖端放电的原理。

（二）法拉第笼式防雷法

法拉第笼式防雷法是利用钢筋或铜带把建筑物包围起来，此法的出发点是建筑物被垂直于水平的导体密密麻麻地包围起来，形成一个法拉第保护笼（图 1-13）。但建筑物有通道，有对外的空隙，不能做到天衣无缝。且法拉第笼只能屏蔽静电场，而对雷电流引起的空间变化电磁场无法完全屏蔽，并且法拉第保护笼不能使建筑物的拐角处避免雷击。近年来，用得较多的是采用避雷针防雷法和法拉第笼式防雷法混合使用。

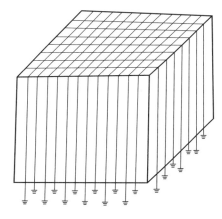

图 1-13　法拉第笼式防雷法示意图

⚖ **物理知识点** ·····························

静电屏蔽

如果将导体放在电场强度为 E 的外电场中,导体内的自由电子在电场力的作用下,会逆电场方向运动。这样,导体的负电荷分布在一边,正电荷分布在另一边,这就是静电感应现象。由于导体内电荷的重新分布,这些电荷在与外电场相反的方向形成另一电场,电场强度为 $E_内$。根据场强叠加原理,导体内的电场强度等于 $E_外$ 和 $E_内$ 的叠加,等到反向的电场叠加而互相抵消,使得导体内部总电场强度为零。当导体内部总电场强度为零时,导体内的自由电子不再定向移动。物理学中将导体中没有电荷移动的状态称为静电平衡。处于静电平衡状态的导体,内部电场强度处处为零。由此可推知,处于静电平衡状态的导体,电荷只分布在导体的外表面上。如果这个导体是中空的,当它达到静电平衡时,内部也将没有电场。这样,导体的外壳就会对它的内部起到"保护"作用,使它的内部不受外部电场的影响,这种现象称为静电屏蔽。空腔导体不接地的屏蔽为外屏蔽,空腔导体接地的屏蔽为内屏蔽。

图 1-14 法拉第笼实验

法拉第曾经冒着被电击的危险,做了一个闻名于世的实验——"法拉第笼"实验(图 1-14)。法拉第把自己关在金属笼内,当笼外发生强大的静电放电时,他却安全无事。

静电屏蔽在生产生活及科学研究中有很重要的作用:屏蔽使金属导体壳内的仪器或工作环境不受外部电场影响,也不对外部电场产生影响。大部分电子器件或测量设备为了免除干扰,都要实行静电屏蔽;如室内高压设备罩上接地的金属罩或较密的金属网罩,电子管用金属管壳。又如作全波整流或桥式整流的电源变压器,在初级绕组和次级绕组之间包上金属薄片或绕上一层漆包线并使之接地,达到屏蔽作用。在高压带电作业中,工人穿上用金属丝或导电纤维织成的均压服,可以对人体起屏蔽保护作用,孕妇防辐射服也是利用导电纤维形成静电屏蔽来保护胎儿不受各种电磁辐射伤害。

(三)电涌保护器(SPD)防雷法

电涌保护器是为了保护设备不受感应雷和雷电波入侵的损害。其防雷原理是:通过间隙击穿达到对地放电目的,它必须与保护设备并联（图 1-15）。SPD 的间隙击穿电压比被保护的设备绝缘的击穿电压低，正常工作电压时，SPD 间隙不会被击穿，当雷电波沿导线传来，出现危及被保护设备的过电压时，SPD 间隙很快被击穿，对地放电，使大量的电荷都泄入地中，从而限制了被保护设备过电压起到保护设备的作用。过电压过去以后，间隙能迅速恢复灭弧，使被保护设备工作正常。或者是采用大面积无源波导元件，让有用信号波与雷电波信号分开，有用信号进入接收装置，而让雷电波对地放电，使大量的电荷泄入地中，起到保护设备的作用。

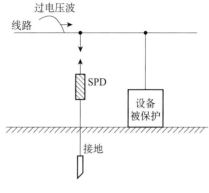

图 1-15 SPD 连接图

实践活动

1. 了解户外活动避雷常识，编写防雷小贴士并在校园内宣传。
2. 到气象部门参观了解闪电定位系统和大气电场仪对雷电的探测。

科学探究

查阅相关资料，了解闪电强度的频率分布特征与闪电的时空分布特征。

第四节　春分

《为顾彦先赠妇诗二首其一》

［晋］陆机

辞家远行游，悠悠三千里。

京洛多风尘，素衣化为缁。

循身悼忧苦，感念同怀子。

隆思乱心曲，沈欢滞不起。

欢沈难克兴，心乱谁为理。

愿假归鸿翼，翻飞浙江汜。

春分（公历3月20—22日），古时又称为"日中""日夜分"，分是平分的意思。据《月令七十二候集解》："二月中，分者半也，此当九十日之半，故谓之分"。另《春秋繁露·阴阳出入上下篇》说："春分者，阴阳相半也，故昼夜均而寒暑平。"所以，春分的意义，一是指一天时间白天黑夜平分，各为12小时；二是古时以立春至立夏为春季，春分正当春季三个月之中，平分了春季。

春季是我国沙尘天气多发季节，每年3月我国北方沙尘天气频发，对西北地区和华北区域的影响较大。远在晋代的诗人陆机就留下了沙尘危害一方的珍贵资料，"京洛多风尘，素衣化为缁"的意思是，洛阳这个地方沙尘多，而且很可怕，沙尘一来，白衣服都被染成了黑衣服。

我国81%的沙尘天气发生在3—5月，南疆盆地、青海西南部、西藏西部及内蒙古中西部是沙尘的多发区，年沙尘暴日数在10天以上，有些地区甚至超过20天。究其原因，在于春季北方地区多风，在质地轻粗、植被稀疏的干旱地表，当风速超过起沙风速时，便容易引发沙尘暴。沙尘暴天气是强灾害性天气，可造成房屋倒塌、交通供电受阻或中断、火灾、人畜伤亡等，污染自然环境，破坏作物生长，给国民经济建设和人民生命财产安全造成严重的损失和极大的危害。

一 沙尘暴成因

沙尘暴是沙暴和尘暴的总称，是强风把地面大量沙尘卷入空中，使空气特别混浊并且水平能见度低于 1 km 的天气现象。其中沙暴系指大风把大量沙粒吹入近地面气层所形成的携沙风暴；尘暴则是大风把大量尘埃及其他细粒物质卷入高空所形成的风暴。

沙尘暴的形成条件需要满足三个条件：（1）沙尘源——物质基础；（2）动力源——大风或强风的天气形势；（3）空气不稳定条件——使沙尘卷扬得更高。

（一）沙尘源

中国北方受地质地理和大气环流的影响，从东北到西北分布着大面积的沙区。这些沙区因风蚀程度的不同进一步划分为沙地、沙漠和戈壁。从气候和植被分布的角度，一般把贺兰山以东的半干旱沙区称为沙地，以西的干旱沙区称为沙漠。在广大干燥或极端干燥多风的地区，则广泛分布着不同类型的戈壁。沙漠和沙地划分的另一种方法是以 200 mm 等年雨量线为界，小于 200 mm 的干旱至极干旱荒漠是以流动沙丘为主的沙漠，大于 200 mm 的荒漠草原、干草原和森林草原甚至湿润森林地带分布着以固定、半固定沙丘等为主的沙地。下表是我国主要沙源分布地区。这些沙源地区为沙尘暴的爆发提供了丰富的沙物质（表 1-2）。

表 1-2 中国主要沙漠和沙地

沙漠或沙地	地理位置	海拔 /m	面积 /km²
塔克拉玛干沙漠	新疆塔里木盆地	800～1400	33.76
古尔班通古特沙漠	新疆准噶尔盆地	300～600	4.88
巴丹吉林沙漠	阿拉善高原西部	1300～1800	4.43
腾格里沙漠	阿拉善高原东部	1400～1600	4.27
柴达木盆地沙漠	青海柴达木盆地	2600～3400	3.49
库姆塔格沙漠	阿尔金山以北	1000～1200	2.28
库布齐沙漠	鄂尔多斯高原北部	1000～1200	1.61
乌兰布和沙漠	阿拉善高原东北部	1000	0.99
科尔沁沙地	西辽河下游	100～300	4.23
毛乌素沙地	鄂尔多斯高原中南部	1300～1600	3.21

沙漠或沙地	地理位置	海拔 /m	面积 /km²
浑善达克沙地	内蒙古高原东南部	1000～1400	2.14
呼伦贝尔沙地	内蒙古高原东北部	600	0.72

目前研究表明，影响我国的沙尘源主要为北方的干旱和半干旱地区，一是新疆塔里木盆地边缘，二是甘肃河西走廊和内蒙古阿拉善地区，三是陕西、内蒙古、山西、宁夏西北长城沿线的沙地、沙荒地旱作农业区；四是内蒙古中东部的沙地。

（二）大风

形成沙尘的另外一个必要条件就是风，风的形成，与大气环流场、季风、局地气候密切相关，我国春季北方地区多风，在质地轻粗、干旱缺水、植被稀疏的地表，当风速超过起沙风速时，便容易引发沙尘暴。比如我国的沙尘暴多发区分别处于我国西北的巴丹吉林、腾格里、塔克拉玛干、乌兰布和沙漠及蒙古国南部戈壁等荒漠化地区，春季地表裸露，表层疏松，沙源丰富；它们正好位于入侵我国的西北、北、西及东北路冷空气通道上，有的更兼有局地地形的加强作用，也多强风；再加上春季午后地面受热增温快，空气层结经常很不稳定。

（三）形成沙尘暴的天气系统

1. 易发生大范围沙尘暴的天气尺度系统

（1）冷锋

冷锋是我国北方春季出现较频繁的一种天气系统。冷锋过境时，因锋前后的冷暖气团之间有较大的气压梯度，在锋后有大风产生。大风掠过沙地时，会导致沙尘暴的发生。

（2）气旋

气旋是地面上有锋面相伴随的低气压系统，这种系统容易在锋面附近产生大风。我国北方的蒙古气旋就是生成沙尘暴的主要天气系统之一。

2. 生成局地沙尘暴的中尺度系统

（1）飑线

气象学中将气温急降、相对湿度大幅下降、气压涌升和风向突变的强烈阵风称为飑。当许多雷暴单体侧向排列成线时称为飑线。飑线一般发生在冷锋前或暖锋后的暖气团中。由于飑线附近有大风和强烈的大气不稳定，极易产生强沙尘暴。

（2）副冷锋

副冷锋是冷涡后部的偏北气流中，东北气流和西北气流形成的气旋性弯曲和正涡度平流在高纬度新鲜的冷空气与变性的冷空气之间构成的中尺度锋面。

 **物理知识点** ••

大气层结稳定度

大气中对流运动能否得到发展，对流发展的强弱与持续时间的长短，主要取决于大气本身的层结状态（所谓层结是指大气中温度和湿度等要素的垂直分布），即静力稳定度又称为大气层结稳定度。

通常以在静止大气中受到垂直方向冲击力的一气块，在不同大气层结的影响下所产生的不同的运动状态来判断大气层结的稳定情况。这种判断方法称为气块法，即假定大气是静止的，且不受其中升降气块的影响，从气层中任选一气块，若此气块在受到垂直方向的冲击力而离开原位后，大气层结使它获得的加速度与它的位移方向相反，使它具有返回原位的趋势，此时的大气层结对于该气块来说是稳定的，就称该气层为稳定气层。若大气层结使气块获得与位移方向相同的加速度，因而使气块具有远离原位的趋势，这时的大气层结对于该气块来说是不稳定的，称该气层为不稳定气层。若大气层结使气块获得的加速度为零，气块保持惯性作等速运动，这时的大气层结对该气块来说是中性的，则该气层称为中性气层。

大气稳定度直接影响大气中对流发展的强弱，进而影响到各种天气现象的发生和发展：

绝对不稳定：当大气处于绝对不稳定情形时，有利于对流的发展，产生积状云，出现不稳定性天气，如阵雨、雷阵雨、阵性大风，甚至产生冰雹、龙卷等。

绝对稳定：当大气处于绝对稳定情形时，能有效地抑制对流的发展，产生稳定性天气现象，如层云、雾、毛毛雨等。绝对稳定情形多发生于逆温层附近，在这种情况下，大气的对流及上升运动受到阻碍，云体将在稳定层的下方平衍，伸展为层状云，在近地面则有利于雾的形成。

条件性不稳定：条件性不稳定是较常见的，在这种情况下，气层稳定与否取决于水汽含量少。条件性不稳定情况下，对流发展的重要条件之一就是要湿度足够大。夏季气温高、湿度大容易形成条件性不稳定的大气层结，因此，经常出现局部雷雨大风天气。

二　沙尘暴的等级

在不同的天气系统的影响下，沙尘暴的强度会有较大的差别。我国曾将沙尘暴划分成 4 个等级：4 级＜风力＜6 级，500 m≤能见度＜1000 m，称为弱沙尘暴；6 级＜风力＜8 级，200 m≤能见度＜500 m，称为中等强度的沙尘暴；风力≥9 级，50 m≤能见度＜200 m，称为强沙尘暴；当瞬时最大风力≥10 级，能见度＜50 m 时，称为特强沙尘暴或黑风暴。

目前，根据《沙尘暴天气监测规范》，沙尘天气分为浮尘、扬沙、沙尘暴、强沙尘暴和特强沙尘暴 5 类。

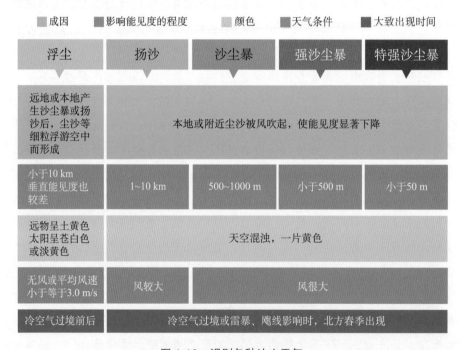

图 1-16　识别各种沙尘天气

浮尘：当天气条件为无风或平均风速小于等于 3 m/s 时，尘沙浮游在空中，使水平能见度小于 10 km 的天气现象。

扬沙：风将地面尘土吹起，使空气相当混浊，水平能见度为 1～10 km 的天气现象。

沙尘暴：强风将地面尘土吹起，使空气很混浊，水平能见度小于 1 km 的天气现象。

　　强沙尘暴：大风将地面尘土吹起，使空气非常混浊，水平能见度小于 500 m 的天气现象。

　　特强沙尘暴：狂风将地面尘土吹起，使空气特别混浊，水平能见度小于 50 m 的天气现象，俗称"黑风"。

三　沙尘暴预警

（一）沙尘暴黄色预警

　　标准：12 小时内可能出现沙尘暴天气（能见度小于 1000 m），或已经出现沙尘暴天气并可能持续。

（二）沙尘暴橙色预警

　　标准：6 小时内可能出现强沙尘暴天气（能见度小于 500 m），或已经出现强沙尘暴天气并可能持续。

（三）沙尘暴红色预警

　　标准：6 小时内可能出现特强沙尘暴天气（能见度小于 50 m），或已经出现特强沙尘暴天气并可能持续。

四　预防和减轻沙尘暴的措施

（一）防治措施

　　1. 加强环境的保护，把环境的保护提到法治的高度来。

　　2. 恢复植被，加强防止风沙尘暴的生物防护体系。实行依法保护和恢复林草植被，防止土地沙化进一步扩大，尽可能减少沙尘源地。

　　3. 根据不同地区因地制宜制定防灾、抗灾、救灾规划，积极推广各种减灾技术，并建设一批示范工程，以点带面逐步推广，进一步完善区域综合防御体系。

　　4. 控制人口增长，减轻人为因素对土地的压力，保护好环境。

　　5. 加强沙尘暴的发生、危害与人类活动的关系的科普宣传，使人们认识到所生活的环境一旦破坏，就很难恢复，不仅加剧沙尘暴等自然灾害，还会形成恶性循环，所以人们要自觉地保护自己的生存环境。

6. 在沙漠地区种植适宜沙漠干旱地区生长的植物，如沙棘等，形成地被植物层，从而改善地被环境，固定土壤，降低风速，增加空气湿度，改善小气候环境。

7. 在沙漠边缘种植乡土品种的低矮灌木和小乔木，改善植被分布。

（二）个人防护要点

1. 及时关闭门窗，必要时可用胶条对门窗进行密封。

2. 外出时要戴口罩，用纱巾蒙住头，以免沙尘侵害眼睛和呼吸道而造成损伤。应特别注意交通安全。

3. 机动车和非机动车应减速慢行，密切注意路况，谨慎驾驶。

4. 妥善安置易受沙尘暴损坏的室外物品。

5. 发生强沙尘暴天气时不宜出门，尤其是老人、儿童及患有呼吸道过敏性疾病的人。

实践活动 ···

向老一辈了解历史上西南地区"下黄沙"（即沙尘暴）天气的具体情况，查阅资料，了解为什么现在这种天气现象发生频率急剧下降。

第五节 清明

《长安清明》

［唐］韦庄

蚤是伤春梦雨天，可堪芳草更芊芊。

内官初赐清明火，上相闲分白打钱。

紫陌乱嘶红叱拨，绿杨高映画秋千。

游人记得承平事，暗喜风光似昔年。

　　诗人写道："忽然之间，已经是细雨飘飞的春天了，芳草青青非常美。宫中把新火赐给大臣，大臣们闲来无事以蹴鞠为乐。郊野的道路旁草木繁茂，一匹匹骏马奔驰而过，绿杨掩映的庭院中秋千正上下飞舞。游人还记得以前太平时候的盛事，暗自欣喜这风光与往年并无不同。"其中"赐新火"是因为清明节的前两天是寒食节，寒食是我国古代一个传统的节日，是从春秋时传下来的，是晋文公为了怀念抱木焚死的介子推而定的。唐代制度，到清明这天，皇帝宣旨取榆柳之火赏赐近臣。这仪式用意有二：一是标志着寒食节已结束，可以用火了；二是借此给臣子官吏们提个醒，让大家向有功也不受禄的介子推学习。

　　我国传统的清明节大约始于周代，已有二千五百多年的历史，2006年被列入第一批国家级非物质文化遗产名录。《岁时百问》一书曾做解释："万物生长此时，皆清洁而明净，故谓之清明"。

　　清明（公历4月4—6日）为什么是"万物生长此时"？这是因为清明是春季气温升幅最快、日照时数增幅最大的节气。而农作物的生长发育与气温密切相关，故有"清明前后，种瓜种豆""植树造林，莫过清明"的农谚。

一 积温

　　人们从长期的生产实践中了解到，当其他条件都适宜时（光、水、肥、土、气等），在一定温度范围内，气温越高，作物生长发育越快，统计资料表明，作物的生长发育是在一定的温度下开始的，而且是在积累了一定的温度总数后完成的。这个一定的温度总数就称为积温。作物开始生长发育的温度称为生物学下限温度（或生物学最低温度、生物学零度）。在农业气象工作中常用的积温有活动积温与有效积温两种，我们常说的积温是指的前者，省略了"活动"二字，后者在使用时是不能省略的。活动积温是在某时期内活动温度的总和，而有效积温是作物在某时期内有效温度的总和，一般根据该时期内逐日的平均温度加以计算。

（一）活动积温

作物的某一生育期或全生育期中所有活动温度的总和，即为活动积温。高于生物学下限温度的日平均温度称为活动温度。作物开始生长发育的温度称为生物学下限温度。

活动积温表达式可写为

$$A_a = \sum_{i=1}^{n} t_i \qquad (t_i > B)$$

式中，n 为生育期日数；t_i 为该生育期每天的平均气温；B 为作物发育的下限温度（生物学零度）；A_a 为生育期内的活动积温；$t_i > B$ 为高于下限温度的日平均温度即活动温度，n 为该生育期始日至终日之和。

表 1-3 不同类型作物所需 ≥10 ℃的活动积温

作物	活动积温/℃·d		
	早熟型	中熟型	晚熟型
水稻	2400～2500	2800～3200	
棉花	2600～2900	3400～3600	4000
冬小麦		1600～2400	
玉米	2100～2400	2500～2700	>3000
高粱	2200～2400	2500～2700	>2800
谷子	1700～1800	2200～2400	2400～2600
大豆		2500	>2900
马铃薯	1000	1400	1800

（二）有效积温

作物的某一生育期或全生育期中有效温度的总和为有效积温。

$$A_e = \sum_{i=1}^{n} (t_i - B)$$

（三）负积温

负积温是指冬半年的一段时间内低于 0 ℃的日平均气温之和。

$$A_r = \sum_{i=1}^{n} t_i \qquad (t_i < 0\ ℃)$$

（四）地积温

一段时间内某一深度土壤温度的日平均温度，称为该深度的地积温。如求算 10 cm 土壤层的地积温则可写成：

$$A_{10} = \sum_{i=1}^{n} t_{10i} \qquad (t_{10i} > B)$$

二　积温在农业生产中的应用

（1）作为作物品种特性的一个主要依据。在种子鉴定书上（尤其是商品种子和引种调运的种子）标明该品种从播种到开花、成熟所需要的积温是多少，各个发育期所需积温是多少，可以为引种和品种推广提供热量依据，避免引种与推广的盲目性。

（2）可以作为物候期预报、收获期预报、病虫害发生时期预报的重要依据，也可根据杂交育种、制种工作、父母本花期相遇，或者根据商品上市、交货期的要求用积温来推算适宜播种期。

（3）根据积温的多少确定某作物在某地能否正常成熟，预计能否高产、优质。可以根据积温为分析和确定各种种植制度提供依据。还可以用积温作为气候指标，做出区划，标志一地热量资源的多寡。

（4）负积温的多少有时可作为低温灾害的指标之一（如霜冻、低温冷害），因为它可以在一定程度上反映低温的强度与持续时间的综合影响。有的可采用日积温（℃·d）来细致分析一天内植物生长发育动态与温度的关系。

三　积温带

　　我国南北跨纬度广，各地接受太阳辐射热量的多少不等。根据各地≥10℃积温大小的不同，中国自北而南有寒温带、中温带、暖温带、亚热带、热带等温度带，以及特殊的青藏高原区（图 1-17）。也可细分为寒温带、中温带、暖温带、北亚热带、中亚热带、南亚热带、边缘热带、中热带、赤道热带、高原亚寒带、高原温带。

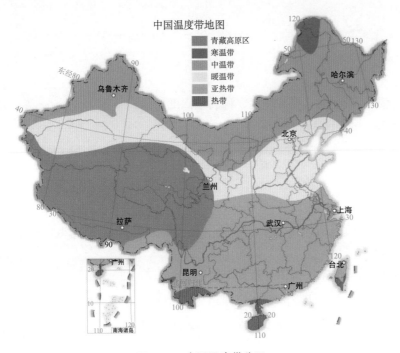

图 1-17　中国温度带分区

表 1-4　中国温度带特点

温度带	主要分布地区	≥10℃积温/（℃·d）	生长期/（月数）	作物熟制	主要农作物
寒温带	黑龙江省与内蒙古的北部	<1600	3	一年一熟	马铃薯，大麦
中温带	长城以北，内蒙古大部分，准噶尔盆地	1600～3400	4～7	一年一熟	春小麦，大豆，玉米，高粱，甜菜
暖温带	长城以南，秦岭淮河以北，塔里木盆地	3400～4500	5～8	两年三熟为主	冬小麦，棉花，油菜

续表

温度带	主要分布地区	≥10 ℃积温 / （℃·d）	生长期 / （月数）	作物熟制	主要农作物
亚热带	秦岭淮河以南的大部分地区	4500～8000	8～12	一年两熟为主	水稻
热带	台、粤、滇的南部、琼	＞8000	全年	一年两至三熟	热带经济作物，如香蕉、菠萝、剑麻、咖啡、可可、天然橡胶等
高原气候带	青、藏、川西	＜2000	0～7	一年一熟	青稞

 实践活动 ∙∙∙∙∙∙∙∙∙∙∙∙∙∙∙∙∙∙∙∙∙∙∙∙∙∙∙∙∙∙∙∙∙∙∙

1. 查询学校所在地年度气温数据，给学校绿化推荐恰当树种及花卉。

2. 复印一份种子鉴定书，了解一下气象在农业科研生产中的重要作用。

第六节　谷雨

《蝶恋花·春涨一篙添水面》

［宋］范成大
春涨一篙添水面。芳草鹅儿，绿满微风岸。
画舫夷犹湾百转。横塘塔近依前远。
江国多寒农事晚。村北村南，谷雨才耕遍。
秀麦连冈桑叶贱。看看尝面收新茧。

　　词中对晚春景象进行描绘："春来，绿水新涨一篙深，盈盈地涨平了水面。水边芳草如茵，鹅儿的脚丫蹒跚，鲜嫩的草色，在微风习习吹拂里，染绿了河塘堤岸。画船轻缓移动，绕着九曲水湾游转，望去，横塘高塔，在眼前很近，却又像启航时一样遥远。江南水乡，倒春寒较多，农事也晚。村北村南，谷雨时节开犁破土，将田耕种遍。春麦已结秀穗随风起伏连岗成片，山冈上桑树茂盛，桑叶卖价很贱，转眼就可以，品尝新面，收取新茧。"

　　其中提到谷雨（公历 4 月 19—21 日），是春季最后一个节气。《月令七十二候集解》："三月中，自雨水后，土膏脉动，今又雨其谷于水也。雨读作去声，如雨我公田之雨。盖谷以此时播种，自上而下也。"这段时间天气温和，雨水明显增多，对谷类作物的生长发育关系很大。一方面，雨水适量有利于越冬作物的返青拔节和春播作物的播种出苗。另一方面，春季后期出现的倒春寒，对农业生产影响极大。下面让我们了解下倒春寒的形成及其防范。

一　倒春寒及其成因

（一）倒春寒的定义

　　倒春寒是指初春（一般指 3 月）气温回升较快，而在春季后期（一般指 4 月或 5 月）气温偏低，对农业生产造成影响的一种天气现象。

入春后才会发生倒春寒。气象学上规定，连续 5 天日平均气温达到 10 ℃以上进入春季。有人认为立春后天气还不暖和就是倒春寒，这是一种误区。南北方发生倒春寒的时间不一样，标准也不一样，北方晚一些，南方早一些。

图 1-18　倒春寒景象

（二）倒春寒的成因

春季正是盛行风由冬季风转变为夏季风的过渡时期，但其间常有从西北地区而来的间歇性冷空气侵袭，冷空气南下与南方暖湿空气相持，气温起伏较大。当冷空气南下越晚越强、降温范围越广时，出现大规模倒春寒的可能性较大。

二 倒春寒对农业的危害

倒春寒就是一种非常严重的林业和农业气象灾害，容易造成大范围地区树木和农作物持续受冻害。倒春寒常引起我国北方花生蔬菜棉花和小麦的烂种现象，也会影响我国南方水稻播种出苗和生长，给农业和林业生产等带来严重危害。

早春农作物播种都是分期分批进行的，一次低温阴雨过程仅危害和影响一部分春播春种作物，且早春低温阴雨多数是在春播作物的发芽期、大多数果树还未进入开花授粉期，其对外界环境条件适应能力亦较强。而一旦过了"春分"尤其是清明节之后，气温明显上升，春播春种已全面铺开，各类作物生机勃勃，秧苗进入"断乳期"，多数果树陆续进入开花授粉期，抗御低温阴雨能力大为减弱，若这时出现倒春寒天气，就面临大面积烂秧、死苗和果树开花坐果率低之灾，其他春种作物生长发育也受到严重影响。

倒春寒是南方早稻播种育秧期的主要灾害性天气，是造成早稻烂种烂秧的主要原因。常年 2—4 月，江南地区先后进入早稻播种育秧大忙季节。在此期间冷暖空气相互交绥，当北方冷空气南侵到江南和华南时冷暖空气势均力敌常常造成低温连阴雨天气，当日平均气温在 12 ℃或以下，连阴雨 3～5 天；或在短时间内气温急剧下降，且日最低气温降到 5 ℃以下，均可造成早稻烂秧和死苗。这样不仅损失大量种子，而且因补种延误播种季节，使早稻成熟期延迟，影响晚稻栽插，使晚稻抽穗扬花期易受低温危害。近 30 多年中，以 1951 年、1969 年、1970 年、1976 年的天气气候条件最差，造成严重烂秧，一般烂秧率超过 30%，有的达 50%。如 1970 年仅广西地区烂种就达 1 亿斤[①]以上；1976 年，仅湖南、江西、湖北三省就损失谷种达 7 亿斤。此外，对已播棉花、花生等喜温作物也常常造成烂种死苗；并影响油菜的开花授粉，及角果发育不正常，降低产量；有时影响小麦孕穗，造成大面积不孕或籽实质量低劣。

三 倒春寒的防范

倒春寒期间，长江中下游早稻往往正处于播种育秧阶段，如果防范措施采取得不好，突然出现的倒春寒天气就会造成早稻烂种烂秧。除了早稻之外，播种期的棉花也易受影响，可能会出现烂种死苗的现象。作为去年的秋播作物，油菜开花授粉也会受到影响，将导致后期产量有所降低。

在农业生产上可以采取相应措施来防御"倒春寒"。早稻育秧可加盖棚膜。目前，早稻种植方式主要有两种，一种是直接在大田中播种，另一种是先在小田块中育秧，再把秧苗移栽到大田中。"倒春寒"到来时，如果早稻还在育秧期，需要加固早稻育秧棚膜，有条件的地区可以覆盖双膜保温护苗；同时，在降温前适当喷施磷肥，增强稻苗抗逆性，防止冷空气造成水稻烂种烂秧。

直播早稻要因地制宜采取防御措施，尚未浸种的要推迟播种，避免低温阴雨造成烂种烂苗；已经浸种催芽尚未下田的稻种要摊薄晾芽，在天气好转的"冷尾暖头"及时抢晴播种；已经播种的稻田应加强排水，防止长期淹水造成烂根烂芽；已出苗的稻田在低温阴雨来临期间要适当灌水护苗。"夜灌日排"的方法，即傍晚在秧田里灌一些水过夜，第二天太阳升起的时候，再把秧田中的水放掉。为什么这样做可以保护秧苗呢？水是生活中最常见比热容较大的物质，而空气的比热容相对较小，在吸收相等热量时空气升高温度较大，水的升高的温度较小。"夜灌日排"主要是依据水的比热容大的特性，在夜晚降温时，使秧苗的温度变化不大，对秧苗起了保温作用。

---

① 1 斤 = 0.5 kg，下同。

物理知识点 ·····························

比热容

比热容是单位质量的某种物质升高单位温度所需的热量。其国际单位制中的单位是焦耳每千克摄氏度 [J/（kg·K）或 J/（kg·℃），J 是指焦耳，K 是指热力学温标，与摄氏度℃相等]，即令 1 千克的物质的温度上升（或下降）1 摄氏度所需的能量。根据此定理，最基本便可得出以下公式：

$$c = \frac{\Delta E}{m \cdot \Delta T}, \quad (\Delta T = T_{末} - T_{初}); \quad (中学教科书上是 c = \frac{Q}{m \cdot \Delta t})$$

ΔE 为吸收的热量，中学的教科书里为 Q；m 是物体的质量，ΔT 是吸热（放热）后温度所上升（下降）值。初中的教材里一般把 ΔT 写成 Δt，这是因为我们生活中常用℃作为温度的单位，很少用 K，而且 $\Delta T = \Delta t$。因此中学阶段都用 Δt，但国际上或者更高等的科学领域，还是使用 ΔT。

气态物质的比热容与所进行的过程有关。在工程应用上常用的有定压比热容 c_p，定容比热容 c_v 和饱和状态比热容三种。

定压比热容 c_p：是单位质量的物质在压力不变的条件下，温度升高或下降 1℃或 1 K 所吸收或放出的能量。

定容比热容 c_v：是单位质量的物质在容积（体积）不变的条件下，温度升高或下降 1℃或 1 K 吸收或放出的内能。

饱和状态比热容：是单位质量的物质在某饱和状态时，温度升高或下降 1℃或 1 K 所吸收或放出的热量。

一般水的比热容比较大，因此在降低相同温度时对外释放的热量较多，农业上常运用水的这一特性来保护农作物。

四 倒春寒与低温、连阴雨的区别

（一）低温

气象学上把连续 5 天的平均气温称之为候平均气温。对于低温各个地方有不同的标准，重庆市的标准如下。

轻度低温：连续 2 候平均气温低于多年同期候平均温度 2℃以上的时段（7 月、8 月除外）。

严重低温：连续 3 候（或以上）平均气温低于多年同期候平均温度 2 ℃以上的时段（7 月、8 月除外）。

（二）连阴雨

连阴雨指连续 3~5 天以上的阴雨天气现象（中间可以有短暂的日照时间）。连阴雨天气的日降水量可以是小雨、中雨，也可以是大雨或暴雨。不同地区对连阴雨有不同的定义，一般要求雨量达到一定值才称为连阴雨。重庆标准如下。

轻度连阴雨：连续≥6 天阴雨且无日照，其中任意 4 天白天雨量≥0.1 mm（连续 3 天白天无降水则终止）。

严重连阴雨：连续≥10 天阴雨且无日照，其中任意 7 天白天雨量≥0.1 mm（连续 3 天白天无降水则终止）。

实践活动 ···

根据重庆倒春寒的计算方法介绍，给出一段时间气温数据，判断重庆是否有倒春寒。

科学探究 ···

1. 倒春寒是否是一种常见的自然灾害？外国有倒春寒吗？

2. 根据近 10 年的资料，统计分析重庆出现"倒春寒"的概率。

第二章 夏

从气象学意义来讲，当连续五天滑动平均气温大于等于 22 ℃时，进入夏季。二十四节气中将立夏、小满、芒种、夏至、小暑、大暑定义为夏季。

夏季是一年中气温最高的时期，这其中既有内陆地区的干燥酷热，又有沿海地区潮湿闷热。但夏季的天气绝不是用一个热字可以概括的。夏季是一年中天气变化最剧烈、最复杂的时期，我国大部分地区的降雨主要集中在这段时间里。夏季也是强对流天气多发的季节。

第一节 立夏

《初夏》

[宋]丘葵
一信楝花风，一年春事空。
池荷还揭揭，樱笋又匆匆。
空叹时光换，谁知造化工。
尽将枝上色，并作石榴红。

这首宋代诗人丘葵所作《初夏》以二十四花信风最后一个风候"楝花风"引出，描述春季即将结束，夏季即将开始，时光变换，大自然造化神奇，荷塘花开，遍处石榴红的自然奇观。时光流逝，迎来夏季第一个节气，立夏（公历5月5—7日）。

立夏之后，我国正式进入雨季，雨量和雨日均明显增多，主要起因于影响我国大陆的夏季风开始爆发。海洋吹向大陆的夏季风给中东部地区带来了充足的水汽和能量，随着位置的不断北移，从5月中旬开始，主要雨带5月中旬到6月上旬出现在南岭山脉和南岭以南地区（28°～29°N及以南），称为"华南前汛期"；6月中下旬到7月上旬出现在29°～33°N范围内，西自宜昌，东经长江口，然后越海到日本，称为"梅雨季节"；7月中旬开始在33°N以北，先后出现在黄河、淮河流域以及华北、东北等地，称为"华北雨季"，为我国中东部地区带来了充沛的降水资源。

季风（monsoon）是由于大陆及邻近海洋之间存在的温度差异而形成大范围盛行的，风向随季节有显著变化的风系。具有上述大气环流特征的风称为季风。季风是一种风，风时刻影响着人们的日常生活，下面让我们来了解气象学中有关风的知识。

一 风、风速及风力等级

气象学定义，空气的水平运动称为风，是一个表示气流运动的物理量。它不仅有数值的大小（风速），还具有方向（风向）。

风速是空气在单位时间内移动的水平距离，以m/s为单位。大气中水平风速一般为 1.0～10 m/s，台风、龙卷风有时达到 10^2 m/s。而农田中的风速可以小于 0.1 m/s。风速的观测资料有瞬时值和平均值两种，一般使用平均值。

根据风对地上物体所引起的现象将风的大小分为 18 个等级，称为风力等级，简称风级。而人们平时在天气预报时听到的"东风 3 级"等说法指的是"蒲福风级"。"蒲福风级"是英国人蒲福（Francis Beaufort）于 1805 年根据风对地面（或海面）物体影响程度而定出的风力等级，共分为 0～17 级（详见表 2-1）。

表 2-1 蒲氏风力等级表

风级	风的名称	风速 /（m/s）	陆地上的状况	海面现象
0	无风	0～0.2	静，烟直上。	平静如镜
1	软风	0.3～1.5	烟能表示风向，但风向标不能转动。	微浪
2	轻风	1.6～3.3	人面感觉有风，树叶有微响，风向标能转动。	小浪
3	微风	3.4～5.4	树叶及微枝摆动不息，旗帜展开。	小浪
4	和风	5.5～7.9	吹起地面灰尘纸张和地上的树叶，树的小枝微动。	轻浪
5	清劲风	8.0～10.7	有叶的小树枝摇摆，内陆水面有小波。	中浪
6	强风	10.8～13.8	大树枝摆动，电线呼呼有声，举伞困难。	大浪
7	疾风	13.9～17.1	全树摇动，迎风步行感觉不便。	巨浪
8	大风	17.2～20.7	微枝折毁，人向前行感觉阻力甚大	猛浪
9	烈风	20.8～24.4	建筑物有损坏（烟囱顶部及屋顶瓦片移动）	狂涛
10	狂风	24.5～28.4	陆上少见，见时可使树木拔起将建筑物损坏严重	狂涛
11	暴风	28.5～32.6	陆上很少，有则必有重大损毁	风暴潮
12	台风（飓风）	32.6～36.9	陆上绝少，其摧毁力极大	风暴潮
13	台风	37.0～41.4	陆上绝少，其摧毁力极大	海啸
14	强台风	41.5～46.1	陆上绝少，其摧毁力极大	海啸
15	强台风	46.2～50.9	陆上绝少，其摧毁力极大	海啸
16	超强台风	51.0～56.0	陆上绝少，范围较大，强度较强，摧毁力极大	大海啸
17	超强台风	≥56.1	陆上绝少，范围最大，强度最强，摧毁力超级大	特大海啸

注：本表所列风速是指平地上离地 10 m 处的风速值。

二　风向

风向是指风吹来的方向，例如北风就是指空气自北向南流动。地面风向用 16 方位表示（图 2-1），高空风向常用方位度数表示，即以 0°（或 360°）表示正北，90° 表示正东，180° 表示正南，270° 表示正西。在 16 方位中，每相邻方位间的角差为 22.5°。

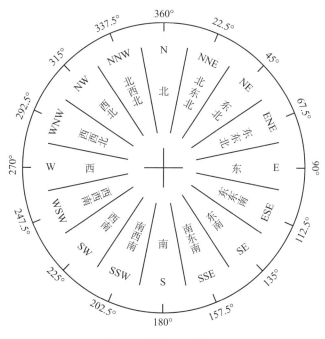

图 2-1　风向 16 方位图

三　风的类型

由于风速大小、方向还有湿度等的不同，会产生许多类型的风。

阵风：当空气的流动速度时大时小时，会使风变得忽而大，忽而小，吹在人的身上有一阵阵的感觉，这就是生活上认定的阵风。气象上，风速通常指 2 分钟内的平均情况，而风速时大时小，阵风通常就是指这段时间里最大的瞬时风速。如果天气预报，今天风力 4～5 级，阵风 6 级，就是说今天平均风力 4～5 级，最大瞬时风力可达 6 级。

旋风：当空气携带灰尘在空中飞舞形成漩涡时，这就是旋风。

焚风：当空气跨越山脊时，由于空气下沉，背风坡上容易发生一种暖（或热）而干燥的风，就称为焚风。

台风：发生在热带海洋上的大气涡旋，所以又称为热带气旋。当涡旋中心附近最大风力达到八级以上时，就称为台风；中心附近最大风力在六至七级称为弱台风；中心附近最大风力达八至十二级时，称为强台风。

龙卷：从积雨云中伸向地面的一种范围很小，破坏力极大的空气涡旋。发生在陆地上的称为陆龙卷，发生在海洋上的称为海龙卷，又称为水龙卷。龙卷是一种旋转力很强的猛烈风暴，风速最大可达 100 m/s 以上。

山谷风：在山区，白天风沿山坡、山谷往上吹，夜间则沿山坡、山谷往下吹。这种在山坡和山谷之间，随昼夜交替而转换风向的风称为山谷风。

海陆风：在近海岸地区，白天风从海上吹向大陆上，夜间又从陆上吹向海上，这种昼夜交替、有规律地改变方向的风称为海陆风。

冰川风：在白昼和夜间，沿着冰川沿下坡方向所吹的浅层风。

季风：随着季节交替，盛行风向有规律地转域的风。在冬季，空气从高压的陆上流向低压的海上，这称为冬季风；在夏季，风从海上吹向陆上，称为夏季风。我国是季风显著的国家，冬季多偏北风，夏季多偏南风。这就给我国大部分地区带来了冬干夏湿的季风气候特色。

信风：在低层大气中，从副热带高压吹向赤道地区广大区域内的持续性风。在北半球，信风盛行风是东北；而在南半球则是东南。信风的特征是具有高度经常性，朝一个方向以几乎不变的力量整年吹。

反信风：在赤道地方上升的热空气到了大气上层分向两极流动，这种气流就称反信风。由于地球自转的作用，反信风在北半球偏右，在南半球偏左。反信风不断把气团带到纬度 30°～35° 的地带，构成空气聚积的状态，形成副热带高压带。所以在此区域沙漠较多。

四 测风仪器

风向仪、风杯风速仪以及风向风速仪这些都属于对风的观测仪器。

(一)风向仪

风向仪只能够观测风向的变化记录水平的风向却不能够记录风速。很早以前,人们就开始观测风向。西方早在公元前六世纪希腊人就懂得使用"风向鸡"来测量风向。他们通常会在房子的屋顶上放一个风向仪做成公鸡的形状。公元 1797 年美国的气象学家乔治·寇帝斯做出二羽风向器增加摆动成为"风标"的前身,"风向鸡"或是"风标"都是现代风向器的前身。

而我国在西汉的《淮南子》一书中也详细地记载过一种称为"倪"的风向器是用羽毛来测定风向。到了东汉,科学家张衡在公元 132 年发明了一种候风仪,又称为"相风铜乌"。它是在空旷的地上立一根竿子上面装上一只可以转动的铜乌,人们便可以根据铜乌转动的方向来判别风向,这和西方的风向鸡非常类似。

(二)风向风速观测仪器

公元前六世纪,希腊开始观测风向,当时系以风鸡观测。

1797 年,美国气象学家 George E. Curtis 制作的二羽风向器增加摆动为风标之前身。

1846 年,英国人 Robinson 制成杯式风速计。

1887 年,法国巴黎 Richard 公司制作的 anemo-cinemograph 为螺旋桨风向风速仪之前身。

1892 年,英国人 W. H. Dines 发明达因式风速仪。

近年利用发电机原理制成发电式风速仪并利用斩波器之原理制成频率式之风向风速仪对于自动化之发展很有帮助。

(三)新型气象自动站测风仪器

我国新型自动气象站制定了统一的标准,风向传感器均为直流 5 V 供电,输出为 7 位格雷码。

风速传感器（图2-2）的感应部件为风速码盘和红外光电管（图2-3），传感器转动时带动码盘，由于码盘为连续的导通/阻断方孔，当光电管扫描到导通部分时形成脉冲，扫描到阻断部分时脉冲断开。采集器对单位时间内的脉冲进行计数，风速越大，传感器转动越快，单位时间内的脉冲计数就越多（即脉冲频率越大），利用脉冲与频率的关系即可计算出风速值。

图2-2　风速传感器

图2-3　风速光电管与风速码盘

风速与脉冲频率的关系为：$SP=0.2315+0.0495f$（SP 为风速、f 为频率），实际工作中可以直接测量风速传感器的频率，利用关系式即可得出风速。由于普通的万用表没有频率档位，只能测量风速脉冲方波的振幅电压，正常情况下，风杯转动时，振幅为传感器供电电压的一半左右，风杯静止时为供电电压的上沿或下沿。以DZZ5新型自动气象站为例，风速传感器供电电压为 5 V，静止时输出电压为 0 V 或 5 V，转动时约为 2.5 V。有频率档的万用表可直接测量脉冲频率，风速越快，频率越大。

 物理知识点 ···

频率

频率是单位时间内完成周期性变化的次数，是描述周期运动频繁程度的量，常用符号 f 或 v 表示，单位为秒分之一，符号为 s^{-1}。为了纪念德国物理学家赫兹的贡献，人们把频率的单位命名为赫兹，简称"赫"，符号为 Hz。每个物体都有由它本身性质决定的与振幅无关的频率，称为固有频率。

五 风能的开发利用

风能是空气流动做功而提供给人类的一种可利用的能量。由于太阳辐射造成地球表面各部分受热不均匀，引起大气层中压力分布不平衡，在水平气压梯度的作用下，空气沿水平方向运动形成风。风能资源的总储量非常巨大，一年中技术可开发的能量约 5.3×10^{13} kW·h。风能是循环再生的清洁能源，储量大、分布广，但它的能量密度低（只有水能的 1/800），并且不稳定。在一定条件下，风能可作为一种重要的能源得到开发利用。风能利用是综合性的工程技术，通过风力机将风的动能转化成机械能、电能和热能等（图 2-4）。

图 2-4 风能开发利用
（来源：中国气象网）

实践活动

通过观测学校树木随风摆动记录逐日风向，计算出盛行风的风向。

科学探究

1. 大风预警信号分级，如何防范？
2. 利用校园气象站风向风速观测资料，绘制风向风速玫瑰图。

第二节　小满

［宋］欧阳修
小满天逐热，温风沐麦圆。
园中桑树壮，棚里菜瓜甜。
雨下雷声震，莺歌情语传。
旱灾能缓解，百姓盼丰年。

　　这首宋代文学家欧阳修所作《五律·小满》生动地描绘了小满时节小麦灌浆、桑树苗壮成长、蔬菜瓜果成熟等物候现象，雷雨天气多发的天气现象以及老百姓通过小满时节降雨缓解旱灾获取全年丰收的愿景。小满是二十四节气之一，夏季的第二个节气，每年5月20—22日视太阳到达黄经60°时为小满。

　　小满期间，降水增多，但民间却有谚语"小满不满，干断田坎"之说，这是什么原因呢？原来这与初夏旱（6月）有关，在我国北方，初夏雨季尚未来临，降水仍然很少，但气温升高，蒸发加强，水分亏缺严重。据观测，无灌溉地土壤水分从春季开始逐渐减少，到初夏时节达到一年中的最低值。在缺雨年份，初夏是水分供应最差季节。这时雨量年际变化很大，雨季开始早的年份，初夏就解除旱象，来得晚的年份干旱就相当严重。

　　初夏旱与降水和蒸发量密切相关，下面让我们来了解气象学中蒸发相关知识。

一　蒸发、蒸发量及其测量仪器

（一）蒸发与蒸发量

　　蒸发是水由液态或固态转变成气态，逸入大气中的过程称为蒸发。影响蒸发快慢的因素有温度、湿度、液体的表面积、液体表面的空气流动等。蒸发量是指在一定时段内，水分经蒸发而散布到空中的量，通常用蒸发掉的水层厚度的毫米数表示。

（二）蒸发的测量

1. 人工观测设备及方法

小型蒸发器（图 2-5）为口径 20 cm，高约 10 cm 的金属圆盆，口缘镶有内直外斜的刀刃形铜圈，器旁有一倒水小嘴。为防止鸟兽饮水，器口附有一个上端向外张开成喇叭状的金属丝网圈。

图 2-5　小型蒸发器

每天 20 时进行观测，测量前一天 20 时注入的 20 mm 清水（即今日原量）经 24 小时蒸发剩余的水量，记入观测簿余量栏。然后倒掉余量，重新量取 20 mm（干燥地区和干燥季节须量取 30 mm）清水注入蒸发器内，并记入次日原量栏。蒸发量计算式如下。

$$蒸发量 = 原量 + 降水量 - 余量$$

2. 自动观测设备

常用的蒸发传感器为德国 THIES 公司生产的 AG 型超声波蒸发量传感器（图 2-6）。它利用超声波测距原理测量标准蒸发皿内水面高度变化，转换成电信号，从而测得蒸发量。并且配置了 PT100 温度校正部分，以保证在使用温度范围内的测量精度。

蒸发传感器的测量原理为超声波测距，传感器测量探头到测量筒内水面的距离，并转换为电信号输出，采集器根据电信号计算出当前的水位高度。蒸发传感器的输出信号为 4～20 mA 电流，与水位的关系为最高水位 98.1 mm 对应 4 mA，最低水位 0 mm 对应 20 mA。

超声波测距的原理是利用超声波在空气中的传播速度为已知，测量声波在发射后遇到障碍物反射回来的时间，根据发射和接收的时间差计算出发射点到障碍物的实际距离。

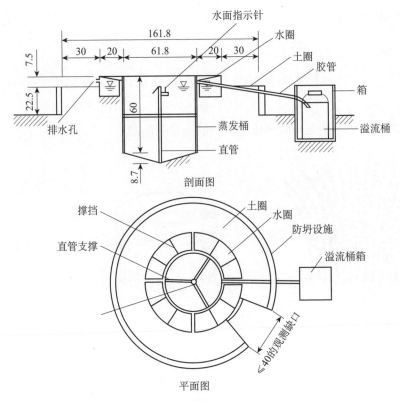

图 2-6a E601B 型蒸发器构成（单位：cm）

超声波发射器向某一方向发射超声波，在发射时刻的同时开始计时，超声波在空气中传播，途中碰到障碍物就立即返回来，超声波接收器收到反射波就立即停止计时。超声波在空气中的传播速度为 340 m/s，根据计时器记录的时间 t，就可以计算出发射点距障碍物的距离（s），即：$s = 340t/2$。

测距的公式：

$$L = C \times T$$

式中，L 为测量的距离长度；C 为超声波在空气中的传播速度；T 为测量距离传播的时间差（T 为发射到接收时间数值的一半）。

图 2-6b 安装效果图

二 蒸发量的变化趋势

在地球上，各地的地形不同，气候不同，蒸发量的大小也就不一样。各个大洲的蒸发量从大到小依次为亚洲、非洲、南美洲、北美洲、大洋洲、欧洲。

1955—2005 年，中国蒸发皿蒸发量在 50 年中存在减少趋势（图 2-7），区域平均减少速率为 17.2 mm/10 a；其中湿润区减少速率最大，为 29.7 mm/10 a；半干旱半湿润区次之，为 17.6 mm/10 a；干旱区最小，为 5.5 mm/10 a。四季中，夏季减少速率最大，全国平均减少速率为 16.2 mm/10 a，其次为春季，为 9.7 mm/10 a，秋冬两季减少速率较小。中国蒸发皿蒸发量存在显著减少趋势的地区主要分布在湿润区的长江中下游地区、华南地区和云贵两省，半干旱半湿润区的黄淮海地区、山东半岛和藏东地区，以及干旱区的新疆、甘肃中部和青海省等。

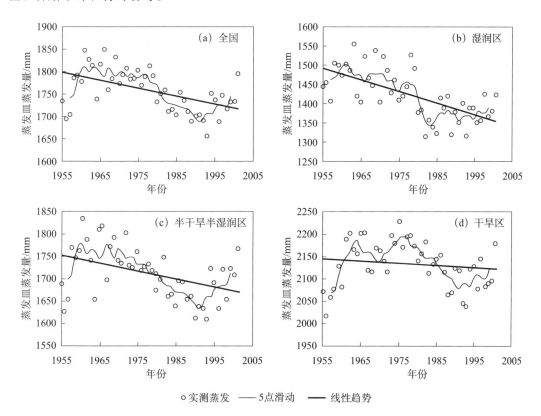

图 2-7　全国及各气候区年蒸发皿蒸发量的时间变化趋势

三 蒸发量与土壤湿度、田间持水量

（一）土壤湿度

土壤湿度亦称土壤含水率，表示土壤干湿程度的物理量，是土壤含水量的一种相对变量。农业气象上主要采用土壤重量百分数、田间持水量百分数、土壤水分贮存来表示。土壤重量百分数即土壤含水量占干土重的百分比，也称土壤质量湿度，即我们所说的土壤湿度。

土壤湿度测量方法有重量法、电阻法、负压计法、中子法、遥感法等。

①重量法。取土样烘干，称量其干土重和含水重加以计算。

②电阻法。使用电阻式土壤湿度测定仪测定。根据土壤溶液的电导性与土壤水分含量的关系测定土壤湿度。

③负压计法。使用负压计测定。当未饱和土壤吸水力与器内的负压力平衡时，压力表所示的负压力即为土壤吸水力，再据以求算土壤含水量。

④中子法。使用中子探测器加以测定。中子源放出的快中子在土壤中的慢化能力与土壤含水量有关，借助事先标定，便可求出土壤含水量。

⑤遥感法。通过对低空或卫星红外遥感图像的判读，确定较大范围内地表的土壤湿度。

（二）田间持水量

田间持水量，指在地下水较深和排水良好的土地上充分灌水或降水后，允许水分充分下渗，并防止其水分蒸发，经过一定时间，土壤剖面所能维持的较稳定的土壤水含量（土水势或土壤水吸力达到一定数值），是大多数植物可利用的土壤水上限。达到田间持水量时的土水势为 $-350 \sim -50$ hPa，大多集中于 $-300 \sim -100$ hPa。不同土质田间持水量也有差异，一般为黏土＞壤土＞沙土。

实践活动

1. 熟悉蒸发量人工观测步骤，开展人工观测，记录一周的蒸发量数据。
2. 参考小型蒸发器，自己动手制作简单的蒸发器。

科学探究

1. 湖面和地表哪个蒸发量更大？
2. 不考虑风的影响下 24 小时内（20 时—20 时）水面蒸发量最大出现时间？

第三节　芒种

［宋］范成大
千山云深甲子雨，十日地湿东南风。
静里壶天人不到，火轮飞出黙存中。

　　这首南宋诗人范成大所作《梅雨五绝》描述了千山阴雨绵绵，长时间地面潮湿，诗人感觉热气沸腾的闷热情景。这是梅雨天气的典型特征，它常出现在二十四节气芒种前后。芒种，是夏季的第三个节气，更是干支历午月的起始。斗指巳（正南偏东），太阳黄经为75°，于公历6月5—7日交节。

　　芒种时节的雨量比较充沛，气温显著升高，而通常这个时候会有龙卷、暴雨和大风等侵袭。对于南方来说，是一年中雨水较多的时节。如华南地区，芒种节气属于大气环流季节性调整的前期，也就是华南由原来的西风带天气系统影响出现转向东风带系统影响的调整前期，这时候南方的暖湿气流比较强盛，大气含水量充沛，呈现出一种温度高湿气重的现象，这种气流一旦与冷空气交锋就容易造成强降水；又由于冷空气比较弱，这种强降水移动速度慢，持续时间长，容易造成暴雨，形成强的"龙舟水"和洪涝灾害。芒种时节对于沿江来说，这段时间的一年中降水最多的时节，而长江中下游地区逐渐进入了梅雨季节。

　　梅雨季节表现出高温高湿，下面我们来了解一下梅雨以及空气湿度的相关知识。

一　梅雨及其类型

　　每年夏初，在湖北以东28°～34°N的江淮流域常会出现连阴雨天气，雨量很大。由于这一时期正是江南梅子黄熟季节，故称为"梅雨"。又因这时空气湿度很大，百物极易获潮霉烂，因而又有"霉雨"之称。梅雨天气发生时，长江中下游多阴雨天气，雨量充沛，相对湿度很大，日照时间短，降水一般为连续性，但常间有阵雨或雷雨，有时可达暴雨程度。根据气象学资料统计分析，长江中下游可出现两类梅雨，即典型梅雨和早梅雨（迎梅雨）。典型梅雨一般出现于 6 月中旬到 7 月上旬，出梅以后天气即进入盛夏。如果没有出现梅雨，则称为空梅。所谓早梅雨是出现在 5 月的梅雨，平均开始期为 5 月 15 日，梅雨平均天数为 14 天，梅雨期较典型梅雨要早，出梅后，在 6 月中旬左右会再次进入典型梅雨期。

二 梅雨形成

在亚洲的高纬度地区对流层中部有阻塞高压或稳定的高压脊，大气环流相对稳定少变。中纬度地区西风环流平直，频繁的短波活动为江淮地区提供冷空气条件。西太平洋副热带高压有一次明显西伸北跳过程，500 hPa 副热带高压脊线稳定在 20°～25° N，暖湿气流从副热带高压边缘输送到江淮流域。在这种环流条件下，梅雨锋徘徊于江淮流域，并常常伴有西南涡和切变线，在梅雨锋上中尺度系统活跃。不仅维持了梅雨期连续性降水，而且为暴雨提供了充沛的水汽。

三 空气湿度及其测定仪器

（一）空气湿度的定义

空气的干湿程度称为"空气湿度"，是表示大气干燥程度的物理量。在一定的温度下在一定体积的空气里含有的水汽越少，则空气越干燥；水汽越多，则空气越潮湿。在此意义下，常用绝对湿度、相对湿度、比较湿度、混合比、饱和差以及露点等物理量来表示。

（二）空气湿度测定仪器

1. 干湿球温度表

干湿球温度表是用于测定空气的温度和湿度的仪器（图 2-8）。它由两支型号完全一样的温度表组成，气温由干球温度表测定，湿度是根据热力学原理由干球温度表与湿球温度表的温度差值计算得出。温度表是根据水银（酒精）热胀冷缩的特性制成的，分感应球部、毛细管、刻度磁板、外套管四个部分。

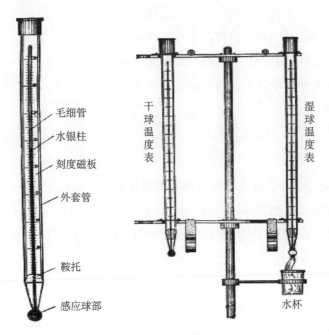

毛细管

水银柱

刻度磁板

外套管

干球温度表

湿球温度表

鞍托

感应球部

水杯

图 2-8　干湿球温度表

2. 湿度传感器

现代气象观测测量空气湿度用的是 HMP155 湿度传感器（图 2-9）。

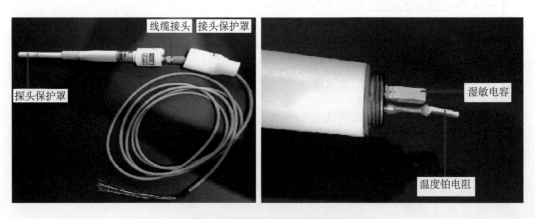

线缆接头　接头保护罩

探头保护罩

湿敏电容

温度铂电阻

图 2-9　HMP155 温湿度传感器

湿度传感器是 Vaisala 公司的 HMP155 温湿度传感器，可同时测量空气温度和湿度，但只拾取了其中的湿度信号。测湿元件为

HUMICAP，是一种利用高分子聚合物制成的薄膜湿敏电容（图2-10），其结构为在一个玻璃基板上面制作有上下两个电极，两个电极中间有薄膜聚合物。

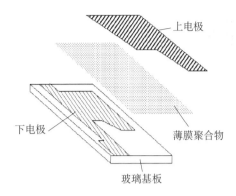

图 2-10　HUMICAP 湿敏电容

测量原理为高分子聚合物对水分子具有吸附和释放作用，在吸湿过程中水分子与薄膜分子形成链，在聚合物"链"位置上占有的水分子的相对数目，与环境相对湿度有关。水分子被聚合物束缚后，由于水分子具有较大的偶极矩，从而改变了聚合物的介电特性，由上下两个电极和聚合物薄膜组成的电容值就发生了改变，即聚合物薄膜的电容随着吸附和释放水分子 而发生变化。利用这一特性就可以进行湿度的测量。

湿度传感器的输出电压为直流 0～1 V，对应于相对湿度的 0%～100%，如传感器的输出为 0.75 V 即湿度为 75%。

 **物理知识点** ....

电容　电容器

电容反映的是电容器储存电荷本领的强弱；记为 C，国际单位是法拉（F）。一般来说，电荷在电场中会受力而移动，当导体之间有了介质，则阻碍了电荷移动而使得电荷累积在导体上；造成电荷的累积储存，最常见的例子就是两片平行金属板。

电容器物理学上讲，它是一种静态电荷存储介质（就像一只水桶一样，你可以把电荷充存进去，在没有放电回路的情况下，除去介质漏电，可能电荷会永久存在，这是它的特征），它的用途较广，它是电子、电力领域中不可缺少的电子元件。电容的大小，即：$C=\varepsilon S/4\pi kd$。其中，ε 是一个常数，S 为电容极板的正对面积，d 为电容极板的距离，k 则是静电力常量。当电容器两极板间的距离 d 发生改变时，电容的大小就会发生变化，从而影响电容器上电荷量的大小，我们只需要通过测量电荷量的变化情况，从而就能得到距离的变化，因而在一些微小测量中，应用电容器测量是一种常见的方法。

实践活动 ···

1. 介绍空气湿度的人工观测步骤，记录一周空气湿度的情况。

2. 记录芒种开始到 7 月中旬降雨日数、连续降水日数，分析其对衣物、食物保存的影响。

科学探究 ···

1. 梅雨季节出行应该注意什么？

2. 我国梅雨入梅时间一致吗？调查重庆市梅雨季节时段。

3. 利用空气湿度、气温资料、风，分析夏季舒适度变化特征。

4. 多数人认为重庆女性皮肤较好，饮食偏辣，主要是因为重庆日照偏少、湿度高，请对比分析重庆全年的空气湿度和梅雨期间的湿度。

第四节 夏至

《竹枝词》

［唐］刘禹锡

杨柳青青江水平，闻郎江上踏歌声。

东边日出西边雨，道是无晴却有晴。

这首《竹枝词》是唐代诗人刘禹锡根据民歌创作，多写男女爱情和三峡的风情。诗的大意是"杨柳青脆，江水平静清澈。在这优美的环境中，少女突然听到心上人的歌声从岸边传来，他是不是对自己也有意思呢，少女并不清楚。不由想到这或许这个人有点像黄梅时节的晴雨不定的天气，说它是晴天，西边还下着雨；说它是雨天，东边还出着太阳。是晴是雨真是难以琢磨。"

夏至（公历 6 月 20—22 日交节），炎热的夏天来临。夏至这天，太阳直射地面的位置到达一年的最北端，几乎直射北回归线，此时，北半球各地的白昼时间达到全年最长。对于北回归线及其以北的地区来说，夏至日也是一年中正午太阳高度最高的一天。这天北半球得到的太阳辐射最多，比南半球多了将近一倍。夏至以后地面受热强烈，空气对流旺盛，午后至傍晚常易形成雷阵雨。这种热雷雨骤来疾去，降雨范围小，人们称"夏雨隔田坎"。这种天气就如诗歌中"东边日出西边雨，道是无晴却有晴。"所描述，晴雨难以琢磨，又经常伴随着强对流天气（短历时强降水、雷电、冰雹等），容易造成山洪、滑坡泥石流等灾害，影响着人们生命财产安全。

气象部门通过天气雷达、气象卫星等手段监测这种灾害性天气，下面我们来了解一下天气雷达、气象卫星等相关知识。

一 天气雷达

雷达（radar）是能辐射电磁波，并利用物体对此电磁波的反射来发现目标物和测定目标物位置的电子探测系统。基本的雷达系统包括一个能产生电磁波的发射机、一个能使电磁波定向辐射并能接收回波能量的天线、一个能放大回波信号的接收机和一个能表达目标物位置的显示器。雷达辐射的电磁波中，极小一部分照射到目标物上，目标物向各方向产生散射。雷达通过天线接收后向散射信号，并将这部分能量输向接收机，根据接收机中的信号鉴别目标物的存在，并测定其位置和运动速度。雷达是根据发射的电磁波到达反射体并返回接收天线所经过的时间来估算目标物的距离的。目标物的角位置则是根据天线的指向来确定。由于雷达能迅速而准确地测定目标物的空间位置，已被广泛地应用到军事、航空、航海、气象等部门。

（一）天气雷达发展简史

天气雷达是探测降水系统的主要手段，是对强对流天气（冰雹、大风、龙卷、暴雨）进行监测和预警的主要工具之一。天气雷达发射脉冲形式的电磁波，当电磁波脉冲遇到降水物质（雨滴、雪花和冰雹等）时，大部分能量会继续前进，而一小部分能量被降水物质向四面八方散射，其中向后散射的能量回到雷达天线，被雷达所接收，根据雷达接收的降水系统回波的特征，可以判别降水系统的特性（降水强弱、有无冰雹、龙卷和大风等）。从第二次世界大战后，雷达技术引用到气象部门，至今已有 70 多年历史，用于探测云雨降水、监测强对流天气的天气雷达已成为雷达技术中的一个分支。目前约有 1000 多部以上的天气雷达布设在世界各地，用于监测强对流天气，定量估计降水，是气象部门的重要探测和监测手段之一。

天气雷达的发展大致经历了 4 个阶段。

（1）20 世纪 50 年代以前，用于气象部门的天气雷达主要是军用的警戒雷达进行适当的改装而成，如美国国家天气局用的 WSR-1，WSR-3，英国生产的 Decca41，Decca43 等。国内也曾在 1950 年引进 Decca41 雷达用于监测天气，当时选用的波长主要采用 X 波段（3 cm），少量 S 波段，性能与军用的警戒雷达无多大差异。

（2）20 世纪 50 年代中期，根据气象探测的需求，开始设计专门用于监测强天气和估测降水的雷达，命名为天气雷达。1953 年美国空军设计研制了 CPS-9X 波段天气雷达用于监测强对流天气和机场的飞行保障，1957 年美国天气局设计生产了 WSR-57S 波段天气雷达，主要用于监测强对流天气、大范围降水和定量估测降水。20 世纪 60 年代，日本开发了 C 波段天气雷达，如 JMA-1-9 等。这阶段为气象观测使用的天气雷达，主要是在波长上作了较多的考虑，以适应气象探测要求。对回波信号强度测量和图像显示方面不同于军用的要求。天气雷达主要还是模拟信号接收和模拟显示的雷达图像，观测资料的存储采用照相方法。对资料的处理仍是事后的人工整理和分析。国内生产的 713 天气雷达、714 天气雷达基本属于此类产品。

（3）20 世纪 70 年代中期以后，数字技术和计算机开始广泛使用。为适应气象部门对天气雷达定量估测降水和对观测资料做进一步处理的需求，天气雷达开始采用数字计算和计算机处理。天气雷达与计算机连接，形成数字化天气雷达系统，典型产品有美国 WSR-81S 天气雷达系统。同时也将数字技术和计算机处理用于对原有的天气雷达进行改造，使其具有数字化处理功能，国内相当一部分天气雷达采用了改造的方法使其具有数字化处理功能。数字化天气雷达系统不仅在技术上采用了数字技术，提供了数字化的观测工具，更重要的是运用计算机对探测数据进行再处理，形成多种可供观测员和用户直接使用的探测图形产品数据。

（4）早在 20 世纪 50 年代末研究人员就开始了多普勒雷达技术在大气探测中应用的实验。由于受到当时的技术条件限制，未能推广到气象业务使用。直到 20 世纪 70 年代末，数字技术、信号处理技术和计算机技术的发展，为多普勒天气雷达在大气探测中创造了使用条件。美国在 20 世纪 80 年代初开始设计为气象业务使用的多普勒天气雷达，称为新一代天气雷达（NEXRAD）。这些雷达 1988 年开始批量生产部站，信号定为 WSR-88D，1996 年完成布点。在美国本土共布设了 155 部 WSR-88D 雷达。WSR-88D 不仅有强的探测能力，较好的定量估测降水的性能，还具有获取风场信息的功能，并有丰富的应用处理软件支持，可为用户提供多种监测和预警产品。

（二）多普勒天气雷达

传统的天气雷达只能测量回波的强度，即所谓的反射率因子。新一代天气雷达，是多普勒天气雷达，它除了测量雷达的回波强度

（图 2-11）外，还可以测量降水目标物沿雷达波段径向的运动速度
［称为径向速度（图 2-12）］和速度谱宽（速度脉动程度的度量）。

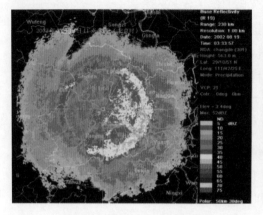
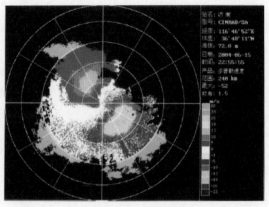

图 2-11 回波强度（反射率）　　　　　　图 2-12 径向速度

新一代天气雷达系统建设是我国 20 世纪末、21 世纪初的一项
跨世纪的气象现代化工程，我国新一代天气雷达业务组网的建设目
标是：在我国东部和中部地区装备先进的新一代 S 频段（10 cm）
和 C 频段（5 cm）多普勒天气雷达系统，对强对流、热带气旋
和暴雨等重要天气系统进行有效的监测和预警，并对降水量进行
估测。

 **物理知识点** ·······························

电磁波

电磁波（例如光波）是电磁场的一种运动形态。电与磁可说是一体两面，变化的电场
会产生磁场（即电流会产生磁场），变化的磁场则会产生电场。变化的电场和变化的磁场
构成了一个不可分离的统一的场，这就是电磁场，而变化的电磁场在空间的传播形成了电
磁波，电磁的变动就如同微风轻拂水面产生水波一般，因此被称为电磁波，也常称为电
波。电磁波可用于探测、定位、通信等。

从科学的角度来说，电磁波是能量的一种，凡是高于绝对零度的物体，都会释出电磁
波，且温度越高，放出的电磁波波长就越短。正像人们一直生活在空气中而眼睛却看不见
空气一样，除光波外，人们也看不见无处不在的电磁波。电磁波就是这样一位人类素未谋
面的"朋友"。

电磁波产生的辐射为电磁辐射。电磁辐射由低频率到高频率，主要分为：无线电波、微波、红外线、可见光、紫外线、X射线和伽马射线。电磁辐射量与温度有关，通常高于绝对零度的物质或粒子都有电磁辐射，温度越高辐射量越大，但大多不能被肉眼观察到。

电磁波不依靠介质传播，在真空中的传播速度等同于光速。电磁波在同种均匀介质中才能沿直线传播，在同种不均匀介质中沿曲线传播。通过不同介质时，会发生折射、反射、绕射、散射及吸收等等。波长越长其衰减也越少，电磁波的波长越长也越容易绕过障碍物继续传播。

多普勒效应

1842年，奥地利一位名为多普勒的数学家、物理学家，一天，他正路过铁路交叉处，恰逢一列火车从他身旁驰过，他发现火车从远而近时汽笛声变响，音调变尖，而火车从近而远时汽笛声变弱，音调变低。他对这个物理现象感到极大兴趣，并进行了研究。发现这是由于振源与观察者之间存在着相对运动，使观察者听到的声音频率不同于振源频率的现象。这就是频移现象。因为，声源相对于观测者在运动时，观测者所听到的声音会发生变化。当声源离观测者而去时，声波的波长增加，音调变得低沉，当声源接近观测者时，声波的波长减小，音调就变高。音调的变化同声源与观测者间的相对速度和声速的比值有关。这一比值越大，改变就越显著，后人把它称为"多普勒效应"。

多普勒效应是波动中的一种普遍现象，不仅在弹性介质中传播的机械波（如声波）存在多普勒效应。而且不需任何介质也能传播的电磁波（如光波）也存在多普勒效应。

根据狭义相对论，如果有一电磁波源以相对速度 v 朝着观测者做匀速直线运动，此电磁波源在运动中连续不断地发出频率为 f_0 的微波脉冲，则观测者收到此脉冲波的频率为 $f = f_0\sqrt{\dfrac{c+v}{c-v}}$，其中 c 为电磁波在真空中的速度。由该式看出当观测者与电磁波源以相对速度 v 彼此趋近时，观测者收到的脉冲波频率 f 将大于波源发射的电磁波频率 f_0；如果电磁波源以相对速度 v 远离观测者做匀速直线运动，则观测者接收到的脉冲波频率为 $f = f_0\sqrt{\dfrac{c-v}{c+v}}$，显然 $f < f_0$。以上内容称为电磁波纵向多普勒效应。当观察者的观测方向与电磁波源运动方向垂直时，观测者测得的频率为 $f = f_0\sqrt{1-\dfrac{v^2}{c^2}}$，这称为横向多普勒效应。

多普勒测速仪是利用波的多普勒效应这一原理制成的，其原理是用波照射运动着的物体，运动物体反射或散射波，由于存在多普勒效应，反射或散射波将产生多普勒频移，利用产生频移的波与本振波进行混频再经过适当的电子电路处理即可得到运动物体的运动速度。

我们假设多普勒测速仪静止，运动物体的运动速度为 v，运动物体的运动方向与多普勒测速仪的测速方向在同一直线上，如图 2-13 所示。

图 2-13 多普勒测速仪测速

第一步，多普勒测速仪发射光波，运动物体接收到其所发射的光波。在这个过程中，多普勒测速仪作为波源是静止的，运动物体作为波接收器是运动的，它们之间的相对速度为 v。设多普勒测速仪所发射的光波频率为 f，运动物体所接收到的光波频率为 f_1，光波的传播速度为 c，则

$$f_1 = \sqrt{\frac{c-v}{c+v}} f \tag{1}$$

第二步，运动物体反射或散射光波，多普勒测速仪接收到其所反射或散射的光波。在这个过程中，运动物体作为波源是运动的，多普勒测速仪作为波接收器静止不动，它们之间的相对速度仍为 v，设多普勒测速仪接收到的光波频率为 f_2，由第一步我们知道，运动物体所反射或散射的光波频率为 f_1，则

$$f_2 = \sqrt{\frac{c-v}{c+v}} f_1 \tag{2}$$

将（1）式代入（2）式得

$$\frac{f_2}{f} = \frac{c-v}{c+v} \tag{3}$$

即

$$v = \frac{1-\dfrac{f_2}{f}}{1+\dfrac{f_2}{f}} c \tag{4}$$

（4）式即为被测物体的运动速度 v 与多普勒测速仪所发射的光波频率 f，多普勒测速仪所接收的由于存在多普勒效应而频移的光波频率 f_2，以及光波的传播速度 c 之间的关系。

二 气象卫星

（一）气象卫星

气象卫星（meteorological satellite）：从太空对地球及其大气层进行气象观测的人造地球卫星，卫星气象观测系统的空间部分。卫星所载各种气象遥感器，接收和测量地球及其大气层的可见光、红外和微波辐射，以及卫星导航系统反射的电磁波。并将其转换成电信号传送给地面站。地面站将卫星传来的电信号复原，绘制成各种云层、风速风向叠加地表和海面图片，再经进一步处理和计算，得出各种气象资料。气象卫星观测范围广，观测次数多，观测时效快，观测数据质量高，不受自然条件和地域条件限制，它所提供的气象信息已广泛应用于日常气象业务、环境监测、防灾减灾、大气科学、海洋学和水文学的研究。气象卫星也是世界上应用最广的卫星之一。

（二）气象卫星分类

由于轨道的不同，可分为两大类，即：太阳同步极地轨道气象卫星和地球同步气象卫星。前者由于卫星是逆地球自转方向与太阳同步，称太阳同步轨道气象卫星；后者是与地球保持同步运行，相对地球是不动的，称作静止轨道气象卫星，又称地球同步轨道气象卫星。极轨气象卫星的飞行高度约为 600～1500 km，卫星的轨道平面和太阳始终保持相对固定的交角，这样的卫星每天在固定时间内经过同一地区 2 次，因而每隔 12 小时就可获得一份全球的气象资料。静止气象卫星的运行高度约 35800 km，其轨道平面与地球的赤道平面相重合。从地球上看，卫星静止在赤道某个经度的上空。一颗同步卫星的观测范围为 100 个经度跨距，从南纬 50° 到北纬 50°，100 个纬度跨距，因而 5 颗这样的卫星就可形成覆盖全球中、低纬度地区的观测网。

在气象预测过程中非常重要的卫星云图的拍摄也有两种形式：一种是借助于地球上物体对太阳光的反射程度而拍摄的可见光云图，只限于白天工作；另一种是借助地球表面物体温度和大气层温度辐射的程度，形成红外云图，可以全天候工作。

实践活动 ••

观察并记录强对流天气发生前的动物行为（如池塘的鱼游到水面），并思考其行为原因。

科学探究 ••

1. 强对流一般发生在一天的哪些时段，如何防范强对流天气造成的灾害？
2. 参观气象台，了解雷达资料在天气预报中的分析应用。

第五节 小暑

《苦热》

[宋]陆游

万瓦鳞鳞若火龙，日车不动汗珠融。

无因羽翮氛埃外，坐觉蒸炊釜甑中。

石涧寒泉空有梦，冰壶团扇欲无功。

余威向晚犹堪畏，浴罢斜阳满野红。

这首宋代诗人陆游所作《苦热》生动地描述了"太阳高照屋瓦，即使坐着不动仍汗如雨下。不论是待在山涧的泉水旁边，还是用上冰壶团扇降温均不能解决天热的问题。即使将近夜晚，也热得厉害。"的苦热天气。

小暑（公历 7 月 6—8 日交节）为小热，还不十分热。我国南方地区小暑时平均气温为 26 ℃左右，已是盛夏。小暑时节北半球日照时间逐步缩短，但为何我国大部分地区的气温仍然节节攀升呢？这是因为太阳直射点虽然在南移，但仍然直射北半球，北半球的热量还是收大于支，所以这一段时间内气温还会继续上升。俗话说"热在三伏"，此时正是进入伏天的开始。小暑后，中国南方部分地区各地进入雷暴最多的时节。热带气旋活动频繁，登陆我国的热带气旋开始增多。总之，小暑节气的气候特点是天气炎热，雷暴增多。

小暑天气热是因为太阳直射北半球，热量收入大于支出，那气象部门是如何来统计日照数据和太阳辐射数据的呢，下面我们来了解相关知识。

一 日照及其观测

日照是指太阳在一地实际照射的时数。在给定时间内，日照时数定义为太阳直接辐照度达到或超过 120 瓦·米$^{-2}$（W·m^{-2}）的那段时间总和，以小时（h）为单位，取一位小数。日照时数也称实照时数。气象部门观测日照的仪器有暗筒式日照计、聚焦式日照计、太阳直射辐射表等。

（一）暗筒式日照计

暗筒式日照计又称乔唐式日照计（图2-14），由金属圆筒（底端密闭，筒口带盖，两侧各有一进光小孔，筒内附有压纸夹）、隔光板、纬度盘和支架底座等构成。它是利用太阳光通过仪器上的小孔射入筒内，使涂有感光剂的日照纸上留下感光迹线，来计算日照时数。

日照计要安装在开阔的，终年从日出到日没都能受到阳光照射的地方。如安装在观测场内，要先稳固地埋好一根柱子（高度以便于操作为宜），柱顶要安装一块水平而又牢固的台座（比日照计底座稍大），座面上要精确测定南北（子午）

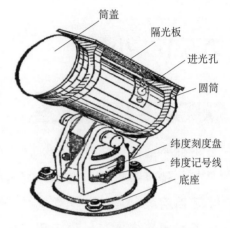

图2-14　暗筒式日照计

线，并标出标记。再把仪器安装在台座上，仪器底座要水平，筒口对准正北，并将日照计底座加以固定。然后，使支架上的纬度线对准当地纬度值。

观测时，每日在日落后换日照纸（涂有光感应试剂的纸），即使是全日阴雨，无日照记录，也应照常换纸，以备日后查考。上纸时，注意使纸上10时线对准筒口的白线，14时线对准筒底的白线；纸上两个圆孔对准两个进光孔，压纸夹交叉处向上，将纸压紧，盖好筒盖。换下的日照纸，应依照感光迹线的长短，在其下描画铅笔线。然后，将日照纸放入足量的清水中浸漂3～5 min拿出（全天无日照的纸，也应浸漂）；待阴干后，再复验感光迹线与铅笔线是否一致。如感光迹线比铅笔线长则应补上这一段铅笔线，然后按铅笔线计算各时日照时数以及全天的日照时数。如果全天无日照，日照时数记0.0。

（二）聚焦式日照计

聚焦式日照计又称康培司托克式日照计，它由固定在弧型支架两端的实心玻璃球、金属槽（安装自记纸用）、纬度刻度尺和底座等构成（图2-15）。它是利用太阳经玻璃球聚焦后烧灼日照纸（卡片）留下的焦痕，来记录日照时数的。我国高纬度地区使用这种仪器。金属槽内有上、中、下三道沟：下面一道，插夏季（4月16

日—8月31日）用的长弧形纸片；中间一道，插春季、秋季（3月1日—4月15日，9月1日—10月15日）用的直型纸片；上面一道，插冬季（10月16日—次年2月底）用的短弧形纸片。放纸时，12时的时间线应与槽内中线对齐。

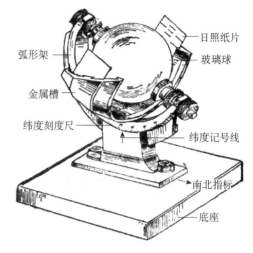

日照纸片
弧形架
玻璃球
金属槽
纬度刻度尺
纬度记号线
南北指标
底座

图 2-15 聚焦式日照计

（三）自动观测日照传感器

世界气象组织把太阳直接辐照度 $S \geq 120\,W \cdot m^{-2}$ 定为日照阈值（算为有日照）。直射表每日自动跟踪太阳输出的信号，自动测量系统把 $S \geq 120\,W \cdot m^{-2}$ 的时间累加起来，作为每小时的日照时数与每天日照时数，这些数据从采集器中得到。

二 辐射观测

气象站的辐射测量，包括太阳辐射与地球辐射两部分。

（一）辐射测量单位及测量要素

辐射测量单位有辐照度和曝辐量。

辐照度 E：在单位时间内，投射到单位面积上的辐射能，即观测到的瞬时值。单位为 $W \cdot m^{-2}$，取整数。

曝辐量 H：指一段时间（如一天）辐照度的总量或称累计量。单位为 $MJ \cdot m^{-2}$，取两位小数，$1\,MJ = 10^6\,J = 10^6\,W \cdot s$。

辐射测量要素有总辐射、净全辐射、太阳直接辐射、散射辐射与反射辐射、长波辐射、紫外辐射等。

（二）辐射观测仪器

总辐射用总辐射表（亦称天空辐射表）测量。总辐射表由感应件、玻璃罩和附件组成（图 2-16）。

净全辐射是研究地球热量收支状况的主要资料。净全辐射为正表示地表增热，即地表接收到的辐射大于发射的辐射，净全辐射为负表示地表损失热量。净全辐射用净全辐射表测量。净全辐射表由感应件、薄膜罩和附件等组成（图 2-17）。

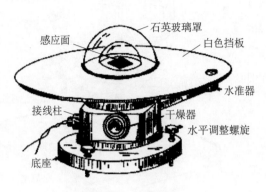

图 2-16　总辐射表

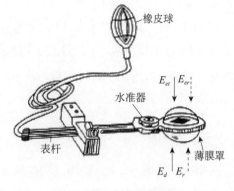

图 2-17　净全辐射表

太阳直接辐射是用太阳直接辐射表（简称直接辐射表或直射表）测量。直接辐射表由进光筒、感应件、跟踪架（赤道架）及附件组成（图 2-18）。

总辐射中把来自太阳直射部分遮蔽后测得为散射辐射或天空辐射。总辐射表感应面朝下所接收的为反射辐射。散射辐射和反射辐射都是短波辐射。这两种辐射均用总辐射表配上有关部件来进行测量。

散射辐射表是由总辐射表和遮光环两部分组成（图 2-19）。遮光环的作用是保证从日出到日落能连续遮住太阳直接辐射。它由遮光环圈、标尺、丝杆、调整螺旋、支架、底盘等组成。

长波辐射用长波辐射表测量。长波辐射表的构造、外观与总辐射表基本相同，由感应件（黑体感应面与热电堆）、玻璃罩和附件等组成（图 2-20）。不同的是玻璃罩内镀上硅单晶，保证了 3 μm 以下的短波辐射不能到达感应面。仪器观测到的值，包括感应面接收到的长波

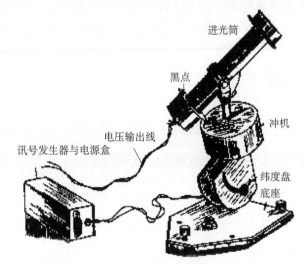

图 2-18 太阳直接辐射表

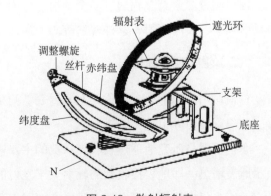

图 2-19　散射辐射表

辐射 E_{Lin} 以及感应面本身向外发射的长波辐射 E_{Lout}。

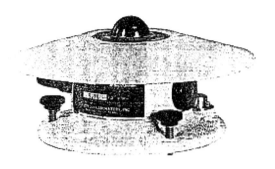

图 2-20　长波辐射表

 物理知识点 ••

太阳辐射

地球上的辐射能来源于太阳，从太阳不间断送到地球上的能量其功率为 10^{17} W。太阳辐射达到地球大气层外时，97% 的能量集中在 0.29～3 μm，称为短波辐射。在传过大气层的过程中，空气分子、气溶胶粒子、云内水滴和冰晶将散射并吸收其中一部分辐射能。地面向上的长波辐射与大气向下的长波逆辐射之差，称为有效辐射，是考虑了大气和云的削弱作用之后到达地面的太阳辐射。

太阳是距地球最近的一颗恒星。它是一个硕大而炽热的球体，直径约为 1.39×10^6 km，是地球的 109 倍，质量为 1.982×10^{27} t，比地球大 33 万多倍，而密度却只是地球的 $\frac{1}{4}$。

太阳表面有效温度是 5762 K，越向中心温度越高，中心温度可达 4×10^8 K，压力为 2000 亿大气压。由于太阳的温度极高，压力很大，这里的物质全都离子化了，不同元素的原子核在高温高压下，激烈运动，相互碰撞，不断地进行着原子核反应。

现代科学证明，原子核在分裂（核裂变反应）或是在结合（核聚变反应）时，释放出巨大的能量。太阳内部存在着大量的氢，在碳、氮的参加下，产生类似氢弹爆炸那样的热核反应，从而释放出巨大的能量，以粒子辐射和电磁波辐射的形式向外传输，这就是太阳能的来源。根据斯蒂芬－波尔兹曼（Stefan-Boltzmann）定律，太阳辐射的总功率可由太阳半径 R，太阳表面有效温度 T_s 和斯蒂芬－波尔兹曼常数 $\sigma_b[\sigma_b = 5.6697 \times 10^{-8}$ W/(m$^2 \cdot$ K^4)] 等参数，按照太阳辐射总功率等于 $4\pi R^2 \times \sigma_b \times T_s^4$ 的关系，求得为 3.8×10^{26} W，如果把太阳表面用一层 12 m 厚的冰包起来，只要 1 min 就可以把冰壳全部融化，可见其能量之大了。

能量的传递有传导、对流和辐射三种基本方式，传导和对流需要借助物质的分子、原子或电子作媒介，这两种方式在真空里是无法传递的。地球离太阳十分遥远，平均为 1.4953×10^8 km，这样远的距离，光也要走 8 min。而这个空间绝大部分都是真空地带，在这样的条件下，唯一传递太阳能的方式只能是辐射。辐射传递能量不需要通过任何物质作媒介。相反，在传递空间遇到任何介质，都会被介质吸收、散射和反射而削弱传递的能量。辐射传递速度相当于光速，即等于 3×10^8 m/s。

辐射通量与距离的平方成反比，可用下式表示。

$$S_R = \frac{R_0^2}{R^2} \cdot S_{R_0}$$

式中，R_0 为地球与太阳之间的平均距离，简称日地平均距离（km）；R 为实际的日地距离（km）；S_{R_0} 为日地平均距离情况下的太阳辐射通量（W）；S_R 为实际日地距离情况下的太阳辐射通量（W）。

我们知道，地球除自转外，还以椭圆形轨道围绕太阳旋转，所以实际的日地距离 R 每天都在变化，例如：

1 月 1 日　147001000 km（最短）

4 月 1 日　149501000 km

7 月 1 日　152003000 km（最长）

10 月 1 日　149501000 km

由此引起辐射通量的变化为 $\pm 3.5\%$，如下图 2-21 所示。

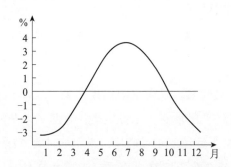

图 2-21　将辐射通量修正到日地平均距离情况下的订正值年变程

太阳常数 I_{s0} 的数值是指在日地平均距离时，地球大气上界垂直于太阳光线的单位面积上在单位时间内所接受到的太阳辐射的辐照度，1981 年 10 月召开的世界气象组织仪器和观测方法委员会会议上确定太阳常数的数值为 1367 W/m²。

太阳能是从太阳向四面八方辐射的，每秒到达地球大气外层的能量约为 1.73×10^{14} kW（可由太阳常数 I_{s0} 和等于 6371 km 的地球半径 R_t，按照到达地球大气外层的太阳辐射功率等于 $I_{s0} \times \pi R_t^2$ 的关系求得），此功率虽仅占太阳辐射总功率的 $1/(2.1 \times 10^9)$ 左右，而全年累计的能量已达到 5320 Q，是目前人类每年消耗能量的 20000 倍以上。这些能量穿透大气层时，要被大气反射和吸收而损失一部分，尽管如此，到达地球表面的太阳辐射功率还有 $1.16×10^{14}$ kW 左右。

一切物体，只要在绝对温度 0 K（即为 −273 ℃）以上，都具有向外辐射能量的能力；同时也在吸收来自其他物体的辐射能。物体辐射能力的大小，取决于物体本身温度的高低。实验表明，辐射能力与温度的四次方成正比。

辐射是以电磁波的形式进行的。电磁辐射具有各种波长，从 10^{-10} μm 的宇宙射线到长达数千千米的交流电和长波振荡都是辐射的波长范围（见图 2-22）。

太阳高度角是太阳辐射测量研究中不可缺少的基本参量。因为地球由西向东自转，所以从北半球的某一纬度来说，看到太阳东升西落，太阳光线与地平面之间的夹角，随着时间的不同而有所变化。太阳光线与地平面之间的夹角称为太阳高度角或简称太阳高度，用 h 表示。天文学中用下式表示太阳高度角 h：

$$\sin h = \sin\phi\sin\delta + \cos\phi\cos\delta\cos\omega$$

式中，ϕ 为观测点的地理纬度，δ 为当日观测时刻的太阳赤角，ω 为观测时刻的太阳时角，单位均以度计。其中太阳时角定义为在正午时 $\omega=0°$，每隔一小时绝对值增大 15°，上午为正，下午为负。

到达地面的太阳辐射有两部分：一是太阳以平行光线的形式直接投射到地面上的，称为太阳直接辐射；二是经过散射后自天空投射到地面的，称为散射辐射，两者之和称为总辐射（详见图 2-23）。

太阳直接辐射的强弱和许多因子有关，其中最主要的有两个，即太阳高度角和大气透明度。太阳高度角愈小，等量的太阳辐射散布的面积就愈大，太阳辐射穿过的大气层愈厚。直接辐射有显著的年变化、日变化和随纬度的变化，这些变化主要取决于太阳高度角。在一天当中，日出、日落时太阳高度角最小，直接辐射最弱；中午太阳高度角最大，直接辐射最强。类似地，在一年当中，直接辐射在夏季最强，冬季最弱。以纬度而言，低纬度地区一年各季太阳高度角都很大，地表面得到的直接辐射比中、高纬度地区大得多。

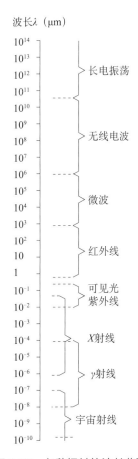

波长λ（μm）

10^{14}	
10^{13}	长电振荡
10^{12}	
10^{11}	
10^{10}	
10^{9}	无线电波
10^{8}	
10^{7}	
10^{6}	
10^{5}	微波
10^{4}	
10^{3}	
10^{2}	红外线
10	
1	
10^{-1}	可见光
10^{-2}	紫外线
10^{-3}	
10^{-4}	X 射线
10^{-5}	
10^{-6}	γ 射线
10^{-7}	
10^{-8}	宇宙射线
10^{-9}	
10^{-10}	

图 2-22 各种辐射的波长范围

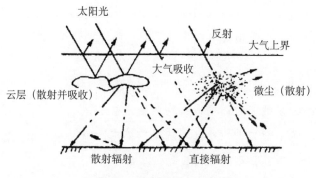

图 2-23　太阳辐射分类分布

散射辐射的强弱也与太阳高度角和大气透明度有关。太阳高度角增大时，到达近地面层的直接辐射增强，散射辐射也就相应地增强，反之亦然。大气透明度不好时，参与散射作用的质点增多，散射辐射增强，反之减弱。同直接辐射类似，散射辐射的变化也主要决定于太阳高度角的变化。一日内正午前后最强，一年内夏季最强。

三　温室效应及其原理

温室效应是指透射阳光的密闭空间由于与外界缺乏热交换而形成的保温效应，就是太阳短波辐射可以透过大气射入地面，而地面增暖后放出的长波辐射却被大气中的二氧化碳等物质所吸收，从而产生大气变暖的效应。大气中的二氧化碳就像一层厚厚的玻璃，使地球变成了一个大暖房。如果没有大气，地表平均温度就会下降到 $-23\ ℃$，而实际地表平均温度为 $15\ ℃$，这就是说温室效应使地表温度提高 $38\ ℃$。大气中的二氧化碳浓度增加，阻止地球热量的散失，使地球发生可感觉到的气温升高，这就是有名的"温室效应"。

世界上，宇宙中任何物体都辐射电磁波。物体温度越高，辐射的波长越短。太阳表面温度约 $6000\ \text{K}$，它发射的电磁波长很短，称为太阳短波辐射（其中包括从紫到红的可见光）。地面在接受太阳短波辐射而增温的同时，也时时刻刻向外辐射电磁波而冷却。地球发射的电磁波长因为温度较低而较长，称为地面长波辐射。短波辐射和长波辐射在经过地球大气时的遭遇是不同的：大气对太阳短波辐射几乎是透明的，却强烈吸收地面长波辐射。大气在吸收地面长波辐射的同时，它自己也向外辐射波长更长的长波辐射（因为大气的温度比地面更低）。其中向下到达地面的部分称为逆辐射。地面接受逆辐射后就会升温，或者说大气对地面起到了保温作用。这就是大气温室效应的原理。

四 光伏发电

光伏发电是利用半导体界面的光生伏特效应而将光能直接转变为电能的一种技术。主要由太阳电池板（组件）、控制器和逆变器三大部分组成，主要部件由电子元器件构成（图2-24）。太阳能电池经过串联后进行封装保护可形成大面积的太阳电池组件，再配合上功率控制器等部件就形成了光伏发电装置。

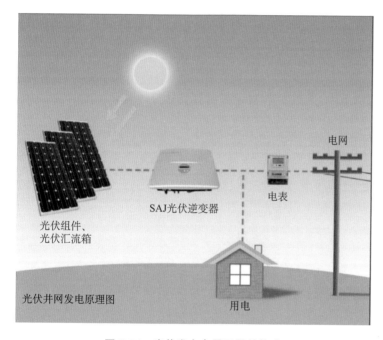

图 2-24 光伏发电电子元器件构成

光伏发电的主要原理是半导体的光电效应。光子照射到金属上时，它的能量可以被金属中某个电子全部吸收，电子吸收的能量足够大，能克服金属内部引力做功，离开金属表面逃逸出来，成为光电子。硅原子有4个外层电子，如果在纯硅中掺入有5个外层电子的原子如磷原子，就成为N型半导体；若在纯硅中掺入有3个外层电子的原子如硼原子，形成P型半导体。当P型和N型结合在一起时，接触面就会形成电势差，成为太阳能电池。当太阳光照射到 P—N 结后，空穴由 N 极区往 P 极区移动，电子由 P 极区向 N 极区移动，形成电流。

光电效应就是光照使不均匀半导体或半导体与金属结合的不同部位之间产生电位差的现象。它首先是由光子（光波）转化为电子、光能量转化为电能量的过程；其次，是形成电压过程。

实践活动 ··

到气象台站了解日照观测仪器及其工作原理。

科学探究 ··

请结合当地气象局资料分析该地区近 30 年来太阳辐射状况，并总结出未来太阳总辐射的趋势走向。

第六节　大暑

〔宋〕释契嵩
山中苦无雨，日日望云霓。
小暑复大暑，深溪成浅溪。
泉枯连井底，地热亢蔬畦。
无以问天意，空思水鸟啼。

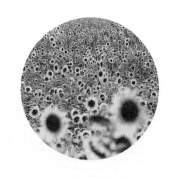

　　这首宋代僧人释契嵩所作《夏日无雨》描述了"山中连续多日无雨，天天盼着天空有云。小暑之后大暑继续热，溪水已经由深变浅。泉水枯竭可以见到井底，地面热，蔬菜萎靡不振。不知道天意如何，只能空想着听听水鸟的悲鸣"的久旱无雨景象。

　　大暑（公历 7 月 22—24 日交节）期间高温酷热，是一年中最热的节气。大暑节气中，我国南方大部分地区进入高温伏旱多发阶段，就如诗中描述，高温少雨。伏旱是重庆的气候规律，江津、涪陵、万州、主城区，历来是重庆伏旱高发区。据史料记载，在近 500 年中，重庆平均十年有四年旱。19 世纪前，旱灾偏少；19 世纪中叶以后，开始增多，20 世纪 30—40 年代及 60—70 年代伏旱频繁，平均十年有八旱，有些年份灾情十分严重。如 1814—1815 年，重庆、巴县大旱，饥民食树皮；1877 年，潼南大旱，正月至六月，半年无雨，饮水困难，秋收全无，饿死者沿街塞路，有万人坑遗迹；1884 年江津、永川、綦江夏秋连月皆旱，百谷无收，米价奇贵，饥民多饿死者。1935—1936 年重庆地区 5—8 月大旱，田禾枯萎，颗粒无收，哀鸿遍野，灾民赖以树根芭蕉头为食。其中铜梁、潼南饥民打仓抢米，采挖白泥络绎死于途，旱情之惨，灾区之广，为百年所仅见。20 世纪 50 年代，伏旱甚少，雨水调匀。60—70 年代伏旱又较频繁，1959 年、1960 年、1971 年、1972 年、1975 年、1976 年、1978 年等年干旱日数均在 35 天以上。70 年代多伏秋连旱，有时部分县干旱日数达 80～90 天之多。20 世纪以来，严重旱年以 30 年代、70 年代最多，十年中就有五年为旱年。

　　伏旱期间，高温热浪，下面我们来了解一下伏旱和高温及造成这种气候的天气系统（西太平洋副热带高压）的气象学知识。

一 伏旱

伏旱是发生在 7 月中旬至 8 月中旬期间的旱象。属夏旱中某一时段的旱情，因这期间正处于伏天，故称"伏旱"。伏旱的特点是太阳辐射强烈，温度高、湿度小、蒸发和蒸腾量大，成为一年中最热的一段时间。中国长江流域在西太平洋副热带高压的控制下，晴热少雨，伏旱的发生比较频繁，高达 50%。其他地区有些年份也出现伏（夏）旱。

气象学上规定，6 月下旬到 9 月上中旬，连续 20~29 天总雨量＜30 mm，其中有 5 天以上出现高温，即被认为达到一般性伏旱标准；连续 30~39 天总雨量＜40 mm，其中有 7 天以上出现高温，则达到重伏旱标准；连续超过（等于）40 天总雨量＜60 mm，其中有 10 天以上出现高温，则被认为达到严重伏旱标准。

二 高温

气象学定义日最高气温达到或超过 35 ℃时称为高温，连续数天（3 天以上）的高温天气过程称为高温热浪（也称为高温酷暑）。

高温分干热型高温和闷热型高温两种。气温极高、太阳辐射强而且空气湿度小的高温天气，被称为干热型高温。在夏季，我国北方地区如新疆、甘肃、宁夏、内蒙古、北京、天津、河北等地经常出现。由于夏季水汽丰富，空气湿度大，在气温并不太高（相对而言）时，人们的感觉是闷热，就像在蒸笼中，此类天气被称为闷热型高温。由于出现这种天气时人感觉像在桑拿浴室里蒸桑拿一样，所以又称"桑拿天"。在我国沿海及长江中下游，以及华南等地经常出现。我国南方属闷热型高温，副热带高压就是导致我国南方地区出现高温的"罪魁祸首"。副热带高压主要是因为地球经向受太阳辐射差异而造成空气发生垂直和水平运动形成的。

物理知识点 ••

热传递

热量从温度高的物体传到温度低的物体，或者从物体的高温部分传到低温部分，这种现象称为热传递。热传递是自然界普遍存在的一种自然现象。只要物体之间或同一物体的不同部分之间存在温度差，就会有热传递现象发生，并且将一直继续到温度相同的时候为止。发生热传递的唯一条件是存在温度差，与物体的状态，物体间是否接触都无关。热传递的结果是温差消失，即发生热传递的物体间或物体的不同部分达到相同的温度。

在热传递过程中，物质并未发生迁移，只是高温物体放出热量，温度降低，内能减少（确切地说是物体里的分子做无规则运动的平均动能减小），低温物体吸收热量，温度升高，内能增加。因此，热传递的实质就是内能从高温物体向低温物体转移的过程，这是能量转移的一种方式。热传递有三种方式：传导、对流和辐射（图 2-25）。

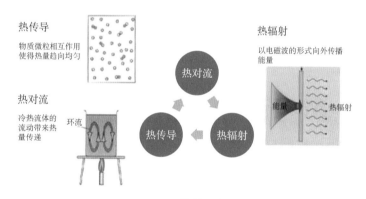

图 2-25 热传递方式

热从物体温度较高的部分沿着物体传到温度较低的部分，称为传导。热传导是固体中热传递的主要方式。在气体或液体中，热传导过程往往和对流同时发生。各种物质都能够传导热，但是不同物质的传热本领不同。善于传热的物质称为热的良导体，不善于传热的物质称为热的不良导体。各种金属都是热的良导体，其中最善于传热的是银，其次是铜和铝。瓷、纸、木头、玻璃、皮革都是热的不良导体。最不善于传热的是羊毛、羽毛、毛皮、棉花、石棉、软木和其他松软的物质。液体中，除了水银以外，都不善于传热，气体比液体更不善于传热。发热电缆的一部分温度以传导的方式传递给地面。

靠液体或气体的流动来传热的方式称为对流。对流是液体和气体中热传递的主要方式，气体的对流现象比液体更明显。利用对流加热或降温时，必须同时满足两个条件：一是物质可以流动，二是加热方式必须能促使物质流动。对流可分自然对流和强迫对流两种。自然对流是由于流体温度不均匀引起流体内部密度或压强变化而形成的自然流动。例如：气压的变化，风的形成，地面空气受热上升，上下层空气产生循环对流等；而强制对流是因受外力作用或与高温物体接触，受迫而流动的，称为强制对流。例如：由于人工的搅拌，或机械力的作用（如鼓风机、水泵等），完全受外界因素的促使而形成对流的。发热电缆的一部分温度传递到空气中形成上下自然对流。

热由物体沿直线向外射出，称为辐射。用辐射方式传递热，不需要任何介质，因此，辐射可以在真空中进行。地球上得到太阳的热，就是太阳通过辐射的方式传来的。发热电缆的温度主要以辐射的形式传递。

一般情况下，热传递的三种方式往往是同时进行的。

三 高温中暑的预防和处理

解决中暑的症状关键之一是加快散热。降低环境或体表温度，加大体内体外温度差，或者加快环境物质（空气或水）对流速度都能加快散热。故此常用的方法为将患者转移到阴凉通风处或电风扇下，最好移至空调室，以增加辐射散热，给予清凉含盐饮料，体温高者给予冷敷（详见图 2-26）。

图 2-26　高温季节预防中暑知识
（来源：新华社）

预防中暑应注意以下三点。

（1）改善高温下环境条件，加强隔热、通风、遮阳等降温措施，供给含盐清凉饮料。

（2）加强体育锻炼，增强个人体质。

（3）宣传防暑保健知识，教育人们遵守高温环境下的安全规则和保健制度，合理安排劳动和休息。

四 西太平洋副热带高压

在南北半球的副热带地区，存在着副热带高压带，由于海陆的影响，常断裂成若干个高压单体，这些单体统称为副热带高压（以下简称副高）。在北半球，它主要出现在太平洋、印度洋、大西洋和北非大陆上。出现在西北太平洋的副高称为西太平洋高压，其西部的脊在夏季可延伸入我国大陆。

西太平洋副高的形成是由赤道低气压带上升的气流，由于气温随高度而降低，空气渐重，在距地面4~8 km处大量聚集，转向南北方向扩散运动，空气在向南北两极运动的水平过程中同时还受地转偏向力的影响，南半球向左偏，北半球向右偏，大约在南北纬30°附近逐渐偏转成西风（即环绕地球一圈向东吹），因此无法再向南北两极流，在南北纬30°附近的高空越集越多，最后被迫下沉，而在近地面形成副高。

太平洋副高多呈东西扁长形状，中心有时只有1个，有时有数个。夏季时一般分裂成东、西两个单体，位于西太平洋的称西太平洋高压，位于东太平洋的称东太平洋高压。西太平洋高压除在盛夏时偶呈南北狭长形状外，一般呈东西向的椭圆形。

西太平洋副高的活动位置有多年变化。据分析，1880—1890年，副高中心偏向平均位置的东南；1890—1920年偏向西北；1920—1930年又偏向东南。这种中心位置的变化必然会引起东亚甚至全球性气候振动。

西太平洋副高的季节性活动具有明显的规律性。冬季位置最南，夏季最北，从冬到夏向北偏西移动，强度增大；自夏至冬则向南偏东移动，强度减弱。冬季，副高脊线位于15°附近。随着季节转暖，脊线缓慢地向北移动。大约到6月中旬，脊线出现第一次北跳过程，越过20°N，在20°~25°N徘徊。7月中旬出现第二次跳跃，脊线迅速跳过25°N，以后摆动于25°~30°N，约在7月底至8月初，脊线越过30°N到达最北位置。9月以后随着西太平洋副高势力的减弱，脊线开始自北向南迅速撤退，9月上旬脊线第一次回跳到25°N附近，10月上旬再次跳到20°N以南地区，从此结束了一年为周期的季节性南北移动。副高的季节性南北移动并不是匀速进行的，而呈现出稳定少动、缓慢移动和跳跃三种形式，而且在北进过程中有暂时南退，在南退过程中有短暂北进的南北振荡现象。同时，北进过程持续的时间较久、移动速度较缓，而南退过程经历时间较短、移动速度较快。上述西太平洋副高季节性变动的一般规律，在个别年份可能有明显出入，而且这种移动特征在大西洋、亚洲大陆、北非大陆、北美大陆上的副高也同样存在，表明是全球性现象，是太阳辐射季节变化和副高强度的纬向不均匀分布以及随时间非均匀速度变化的反映。

西太平洋副高还有非季节性的中短期变动，主要表现为半个月左右的副高偏强或偏弱趋势及一周左右的副高西伸东退、北进南缩的周期变化。非季节性中、短期变化大多是受副高周围天气系统活动影响而引起的，例如夏季青藏高原高压、华北高压东移并入西太平洋副高时，副高产生西伸，甚至北跳，而当热带风暴或台风移至西太平洋副高的西南边缘时，副高随之东退，热带风暴沿副高西缘北移时，副高继续东退，当风暴越过高压脊进入西风带时，副高又开始西伸。此外，西风带的小槽小脊、长波槽、脊都对副高变动有不同程度的影响，同时副高又对周围天气系统有明显影响，彼此相互联系、相互制约。

实践活动

1.调查学校、工地、商场等公共场所，防暑降温的具体方法，探究这些方法背后涉及的物理知识

2.伏旱期间，高温热浪，又是学生放假时间，媒体时常有报道小孩溺水事故，请给出减少这些事故的对策。

科学探究

1.查阅相关资料和数据，统计重庆各区县近十年高温天气情况，分析其产生的原因，从你的视角提出应对措施。

2.对比城市与乡村高温天数及气温分布规律，探索形成城市热岛的主要原因。

第三章

秋

气象学上讲，炎热过后，连续五天滑动平均气温稳定在 22 ℃以下时就算进入了秋季，低于 10 ℃时秋季结束。二十四节气中将立秋、处暑、白露、秋分、寒露、霜降定义为秋季。

第一节 立秋

《秋登宣城谢朓北楼》

［唐］李白

江城如画里，山晓望晴空。

两水夹明镜，双桥落彩虹。

人烟寒橘柚，秋色老梧桐。

谁念北楼上，临风怀谢公。

此诗描绘了晴朗秋天的傍晚，江边的城池仿佛画中一样美丽，明亮的湖面倒映着凤凰桥和济川桥，双桥好似天上的彩虹落入人间。诗文不仅写出了秋景，而且写出了秋意。立秋（公历 8 月 7—9 日）是秋天的第一个节气，表示暑去凉来，秋天开始之意。

我国地域较广，横跨热带、亚热带、温带、亚寒带，温差大，各地区入秋的时间也不同。秋季来得最早的黑龙江和新疆北部地区 8 月中旬入秋，秦淮一带入秋一般从 9 月中旬开始，10 月初秋风吹至浙江丽水、江西南昌、湖南衡阳一线，11 月上中旬秋的信息才到达雷州半岛，而当秋的脚步到达"天涯海角"的海南岛时已快到新年元旦了。立秋之后，天气整体秋高气爽，但仍有降雨发生。降雨时，由于近地面的水汽比较充足，而高空比较干燥，此时若雨后有太阳光，就容易看到"彩虹"。

彩虹是秋季常见的一种天气现象。让我们来了解气象学上对彩虹的定义以及相关知识。

一 彩虹

彩虹，又称天弓（客家话）、天虹、绛等，简称虹，是气象学中的一种光学现象，当太阳光照射到半空中的水滴，光线被折射及反射，在天空上形成拱形的七彩光谱（图 3-1）。

（一）彩虹的颜色

彩虹中的七色光永远按如下顺序排列：红色在最外圈，然后是橙、黄、绿、蓝、靛、紫（图3-2）。事实上彩虹远不止七种颜色，比如，在红色和橙色之间还有许多种细微差别的颜色，但为了简便起见，所以只用七种颜色作为区别。虹的色彩宽度与水珠大小有关，水珠越大，则彩带越狭窄色彩越鲜艳。

图 3-1 彩虹

（二）彩虹形成的条件

只要空气中有水滴，而阳光正在观察者的背后以低角度照射，便可能产生可以观察到的彩虹现象。彩虹最常在下午，雨后刚转天晴时出现，这时空气内尘埃少而充满小水滴，天空的一边因为仍有雨云而较暗，而观察者头上或背后已没有云的遮挡而可见阳光，这样便会较容易看到彩虹。另一个经常可见到彩虹的地方是瀑布附近，在晴朗的天气下背对阳光在空中洒水或喷洒水雾，亦可以制造人工彩虹。

图 3-2 七色彩虹

（三）彩虹的类型

1. 单色彩虹

在接近日落或日出的降雨之后，这类彩虹更常见。在这几个小时，阳光更深地进入大气层，使绿色和蓝色的光波传播到更广阔的区域，没有这些颜色，红色光波就能主宰天空。单色彩虹被认为是一种罕见的现象。

2. 双彩虹——霓、虹

当第二道彩虹在主彩虹上方可见时，就会出现双彩虹，下面的主彩虹常称为虹，上面的副彩虹不如第一条那么明亮，常称为霓。这种现象是由双重反射造成的，这导致霓和虹的颜色顺序被颠倒（图3-3）。

图 3-3 双彩虹
（观测于 2018 年 7 月 29 日巫山县雨后傍晚）

3. 月虹

月虹，又称为白色彩虹或月弓（图 3-4）。这道彩虹不是由于阳光而形成的，而是靠近月光的结果。在这里，来自月球表面的光线被微小的液滴反射，最终导致折射和颜色流。然而，月亮弓非常微弱，以至于肉眼无法捕捉到它。没有特殊的装置，肉眼只会看到天空中白色的弧线。

图 3-4　月虹

4. 雾虹

雾虹是一种类似于彩虹的天气现象，太阳光经由水分子反射和折射后形成。雾虹没有颜色，显示为白色，因此有时被称为"白色的彩虹"（图 3-5）。雾虹没有颜色的原因是水滴非常小（小于 0.05 mm），无法像一般彩虹中的水滴那样反射出七彩颜色，因此人们只能看到白色。雾虹与彩虹相似，都是由水滴反射太阳光形成的奇景。这种罕见的景观通常出现在丘陵、山区和冷海雾中。

图 3-5　雾虹

 物理知识点 ···

光的折射与反射

1. 光的折射与反射现象

光射到两种介质的界面时：一部分光进入另一种介质，这种现象称为光的折射；同时另一部分光返回到原来的介质，这种现象称为光的折射（图 3-6）。

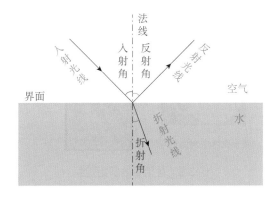

图 3-6　光的折射示意图

2. 折射率——反映介质对光的折射作用的大小

图 3-7 所示为入射角相同的光线从空气分别进入玻璃和水中，由于玻璃的折射角小于水的折射角（$r < r'$），因而玻璃对光线的折射作用强，即玻璃的折射率大于水的折射率。折射率为：$n = \sin i / \sin r$（i 是空气中的入射角，r 是其他介质的折射角）

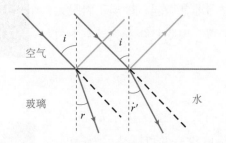

图 3-7　玻璃和水对光线折射示意图

3. 光的色散

太阳光通过三棱镜后，被分解成各种颜色的光，这种现象称为光的色散（图 3-8）。

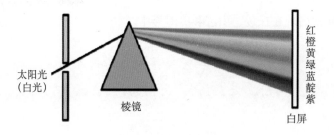

图 3-8　光通过棱镜的色散现象

4. 折射成像

折射所成的像，是进入人眼的折射光线的反向延长线的交点，因此是并不存在的虚像，是一种光学错觉（图 3-9）。

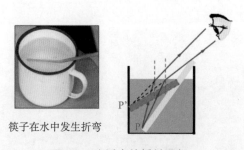

图 3-9　生活中的折射现象

二 彩虹的物理成因

水滴具有重力，呈椭球形，光线入射时，发生折射和反射。太阳光进入水滴后，由于水滴对不同色光的折射率不同，经过反射和折射，从水滴里面出来的光线发生了色散现象。其中射到地面时，红光倾角约为 42°，紫光倾角约为 40°（图 3-10）。

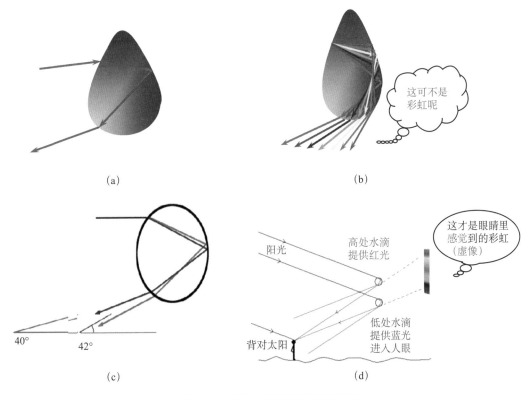

图 3-10　水滴对光线的折射示意图

由于视角的原因，同一人所看到的彩虹的各种色光，是从不同水滴折射出来的。人所"看到"的彩虹属于一种折射成像现象，人眼里形成的彩虹视觉，是射出各种色光进入人眼的水滴的虚像，因此，从本质上说，彩虹是一种光学错觉。

不同的人所见到的在同一地方形成的彩虹，蓝光与红光也是来自不同水滴折射出来的。所以，可以说每个人都只看到专属于自己的彩虹，彩虹这一现象实际上并不存在于任何特定的地点。

（二）双彩虹（霓和虹）的成因

当光线在水珠内折射或反射时，水珠形状、入射方向等将造成有部分光线发生连续两次反射，然后再折射出去。出射倾角比一次反射的大。这部分光线也被分解，形成霓（图3-11）。

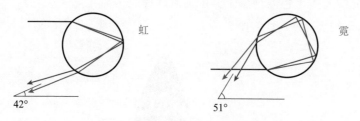

图 3-11　霓与虹形成的光线折射图

由于折射程不同，霓为蓝光在上，红光在下；虹为红光在上，蓝色在下。由于全反射的次数不同，外圈为霓，内圈为虹，霓的光线损失较多，较暗，而虹的光线损失少，很明亮。往下方射出的光线有两处显得较密，分别对应所看到的"霓"与"虹"（图 3-12）。

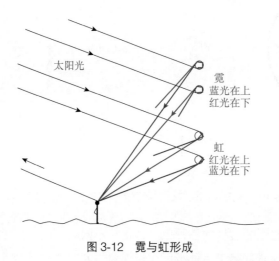

图 3-12　霓与虹形成

🔧 **实践活动**　•••••••••••••••••••••••••••••••••••

1.假设地球表面不存在大气层，那么人们观察到的日出时刻与存在大气层的情况相比（　　）。

A.将提前　　B.将延后　　C.不变　　D.在某些地区将提前，在另一些地区将延后

2. 除了彩虹，你还能想到哪些天空中的光学现象？拿出画笔，绘制至少五种发生在大气中的光学现象，并用简单的文字解释它们形成的物理原因。

科学探究 ....

1. 为什么有些彩虹很短，而有些彩虹却是一个完整的半圆，甚至是整圈圆形的彩虹？请查阅相关气象知识，结合物理知识"光的折射与反射"，并写出你的探究报告。

2. 彩虹预报：通过对彩虹的观测记录，彩虹的出现时间，以及具体对应的天气观察（云、气温、气压、天气）记录，再加上科学推理论证支持，从而做出彩虹预报。

第二节 处暑

［元］仇远

疾风驱急雨，残暑扫除空。

因识炎凉态，都来顷刻中。

纸窗嫌有隙，纨扇笑无功。

儿读秋声赋，令人忆醉翁。

这首诗描绘了这个场景，处暑后，突然而来的一场疾风急雨一下子便将暑气吹散，天气一下子凉快很多。《月令七十二候集解》中说："处，止也，暑气至此而止矣"，表示炎热即将过去，暑气将于这一天结束。处暑（公历 8 月 22—24 日）是秋天的第二个节气。处暑节气期间的天气主要有如下两个特点：一是北方气温下降明显，率先开始一年中最美好的天气——秋高气爽，二是南方感受"秋老虎"现象。

接下来，让我们先来了解气象学上对"秋老虎"的定义以及秋高气爽涉及的相关物理知识。

一 秋老虎

气象学中，"秋老虎"指的是在出了"三伏"以后短期回热的现象，主要的特征是早晚清凉，但是午后气温仍以 35 ℃以上的高温暴晒为主旋律，这种天气因连日晴朗、日射强烈，重新出现暑热天气，就像一只老虎一样蛮横霸道，人们感到炎热难受，故称"秋老虎"。形成"秋老虎"的原因是，控制我国的西太平洋副热带高压秋季逐步南移，但又向北抬，在该高压控制下晴朗少云，日射强烈，气温回升。这种回热天气欧洲称之为"老妇夏"天气，北美人称之为"印第安夏"天气，我国称之为"秋老虎"。

我国幅员辽阔，秋老虎来势汹涌，但各地方出现有差异，华南

地区的秋老虎比长江流域地区来得要晚一些，秋老虎的持续时间
7～15 d 不等，广东、广西一带甚至超过 2 个月的也属正常情况，
秋老虎很任性，想来就来，想走就走，有时候走了，又回头再来。
"秋老虎"天气，虽然气温较高，但总的来说空气干燥，阳光充足，
早晚不是很热，不至于热得喘不过气来。

二 秋高气爽——秋天的天空更蓝

在秋季，万里天空碧海蓝，云卷云舒
风拂面，始凉未寒心神怡，一幅横亘山川
的"秋高气爽"画卷开始泼墨吐艳，秋天的
天空显得更蓝（图 3-13）。太阳光是由多种
颜色组成的，不同颜色的光，波长也各不相
同。比如，红色光波长最长，而在光谱的另
一端，紫色光和蓝色光的波长最短。太阳光
线穿过地球大气层，遇到一层很厚的大气分
子和灰尘颗粒。这些微粒的大小与波长较短
的光接近，所以更易散射蓝色和紫色的光。

图 3-13　秋高气爽的天空

物理知识点 ···

光的散射

当光遇到物体时可能发生三种事情：反射（如镜面），折射（如棱镜），散射（如大气
中的微粒、气体分子）。

● 光的散射

光在传播过程中，会不断遇到障碍物，
当障碍物的大小和波长差不多的时候，障
碍物会有选择性地透过光线，而使得另一些
光的传播方向发生偏转，就好像三棱镜能让
光散开一样，这个现象称为光的散射（图
3-14）。

在黄昏和黎明时，阳光斜穿过大气层，

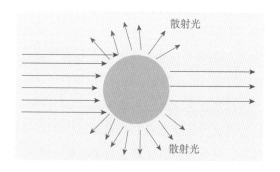

图 3-14　光的散射

在低层大气中有很长的光程，并经大气中空气分子、水汽、尘埃的散射和吸收才能到达人的眼睛，在天边有时会出现五彩缤纷的霞。

一般来讲，在日出日落方向上，从地面向天顶，霞的色彩排列是接近地面为红色，渐次变为橙、黄、绿、蓝各种颜色。当大气中湿度较大时，或在系统性云系移近时，空中会悬浮着很多较大的水滴，这些不同大小的水滴对各种颜色光有不同的散射作用。大气中水汽含量越多，霞的色彩就越鲜艳。

我国大部分地区降雨天气主要来自两个方向：一是受西风带影响，系统性天气过程自西向东移动，形成系统性降水天气。另一个是受空气对流影响形成对流性降水过程，随着日照加强而空气对流增强，往往在中午前后形成局部降雨。夏季早上，低空空气稳定，尘埃很少，如果当时有鲜艳的红霞，称为早霞。这表示东方低空含有许多水滴，有云层存在，随着太阳升高，热力对流逐渐向平地发展，云层也会渐密，坏天气将逐渐逼近，预示天气将要转向阴雨；而傍晚，是一天中温度相对较高的时候，低空大气中水分一般不会很多，但尘埃因对流变弱而可能大量集中到低层。因此，如果出现鲜艳的晚霞，主要是由尘埃等干粒子对阳光散射所致，说明我们西边的上游地区天气已经转晴或云层已经裂开，按照气流由西向东移动的规律，未来本地的天气就要转晴（图3-15）。因此谚云："朝霞不出门，暮霞走千里"，也才有了"日出一点红，不雨便是风""日落晴彩，久晴可待""早烧不出门，晚烧行千里"，这些都是与光的色散现象相关的谚语。

图 3-15   晚霞透过树林

● 瑞利散射

光遇到直径远小于入射光波长（小于波长的十分之一）的微粒时，其各方向上的散射光强度是不一样的，该强度与入射光的波长四次方成反比。也就是说，波长愈短，散射愈强。波长长的红色光遇到大气分子，大多数穿透大气分子，散射光强度很小。波长短的蓝紫色光遇到大气分子被打散，散射光强度大（图3-16）。瑞利散射规律是由英国物理学家瑞利勋爵（Lord Rayleigh）于1871年提出，因此得名。瑞利散射能很好地解释天空的蓝色、晚霞红色和海水的蓝色。

在雨过天晴或秋高气爽时，空中较粗微粒比较少，散射微粒以空气分子为主，这种情况下，光的散射就主要是瑞利散射。在大气分子的强烈散射作用下，波长更短的蓝紫色散射光的强度很大，弥漫天空，天空即呈现让人心旷神怡的蔚蓝色。

 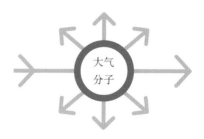

图 3-16 瑞利散射的形成

实践活动 ....

比较典型的"秋老虎"天气发生时,气温、相对湿度、西太平洋副热带高压的位置变化。

科学探究 ....

1. 根据数据分析,"顺秋"的说法是否有科学性。

2. 日落时分,我们常常能看到西边的云朵被太阳光染成了橘红色,形成了美丽的晚霞。查阅资料,写一篇关于晚霞颜色成因的小论文。

第三节 白露

[唐]李白
玉阶生白露，夜久侵罗袜。
却下水晶帘，玲珑望秋月。

　　这首诗描绘了一秋天的夜晚，深夜玉石阶产生了露水，冰凉的露水浸湿了女子的罗袜。露水是"白露"节气后特有的一种自然现象。白露（公历 9 月 7—9 日）时节，气温开始下降，天气转凉，早晨能看到水蒸气液化成小水滴附着在草木砂石上形成的露水。我国古代将白露分为三候："一候鸿雁来；二候玄鸟归；三候群鸟养羞。"说此节气正是鸿雁与燕子等候鸟南飞避寒，百鸟开始储存干果粮食以备过冬，可见白露实际上是天气转凉的象征。

一 露水及其成因

　　当地面温度下降后，空气中的水蒸气遇冷会液化成小水滴而附在地面上或花草上，形成露水。露水，是指空气中水汽凝结在地物上的液态水（图 3-17）。

（一）形成原因

　　傍晚或夜间，地面或地物由于辐射冷却，使贴近地表面的空气层也随之降温，当其温度降到露点以下，即空气中水汽含量过饱和时，

图 3-17 花草上的露水

在地面或地物的表面就会有水汽的凝结。如果此时的露点温度在 0 ℃以上，在地面或地物上就出现微小的水滴，称为露。

（二）形成条件

形成露的气象条件是晴朗微风的夜晚，夜间晴朗有利于地面或地物迅速辐射冷却。微风可使辐射冷却在较厚的气层中充分进行，而且可使贴地空气得到更换，保证有足够多的水汽供应凝结。无风时可供凝结的水汽不多，风速过大时由于湍流太强，使贴地空气与上层较暖的空气发生强烈混合，导致贴地空气降温缓慢，均不利于露的生成。

 物理知识点 ·······························

液化

液化是物质由气态转变为液态的过程，液化是放热过程（图3-18）。

（一）生活中的液化现象

1."白气"现象，少量水蒸气降低温度液化形成的小水滴悬浮在空气中的现象。

（特别注意："白气"不是水蒸气，水蒸气是看不见摸不着的，看见了就不是水蒸气。）

2."出汗"现象，是水蒸气温度降低液化成的小水珠附在物体表面的现象。

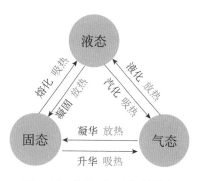

图3-18 物质"三态"的转变

从冰箱中拿出的饮料"出汗"，夏天自来水管"出汗"，从冰箱中拿出的茶叶会"出汗"（不要马上打开，防止受潮），夏天街道上盛冷饮的容器外壁"出汗"。

图3-19 生活中的液化现象

（二）液化方法

1.降低温度。当气体的温度降低到足够低的时候，所有的气体都可以液化。其中温度降到足够低是指气体的温度下降至沸点或沸点以下，不同的气体液化的温度不同。利用这种性质可以分离物质。

2.压缩体积。用压缩体积的方法可以使大多数的气体液化，如日常生活中使用的煤气以及气体打火机用的燃气，就是用压缩体积的方法使它们液化的，有的气体单靠压缩不能使它们液化，必须同时降低温度才行。

（三）液化放热在生活中的应用

冬天手感到冷时，可向手哈气，是因为呼出的水蒸气液化放热；被锅内喷出的水蒸气烫伤比开水还厉害，是因为水蒸气液化过程要放热；浴室通常用管道把高温水蒸气送入浴池，使池中的水温升高是利用液化放热来完成的。

二　露点温度

在空气中水汽含量不变，气压保持一定的情况下，使空气冷却达到饱和时的温度称露点温度，简称露点，其单位与气温相同，一般用℃表示 。一般把 0 ℃以上称为"露点"，把 0 ℃以下称为"霜点"。

（一）露点测量方法

1.饱和水汽压反算露点

我国空气中的温度和相对湿度的测量相当普遍，采用水银／酒精温度计测量空气温度及最低、最高温度，利用毛发湿度计测量相对湿度。而相对于这两个量的测量，露点温度的测量就有难度，虽然有露点仪可以测量，但露点仪在低温时精度和灵敏度急剧降低，而露点仪是一个比较精密复杂的仪器，对观测人员的技术水平要求很高，一旦出现操作失误和维护不当，如镜面上和空气导管内严重污染、光电探测系统灵敏度降低等，都将对测量结果带来很大的误差。

基于以上原因，目前我国台站的露点温度一般采用公式反算的形式，按照 2003 年出版的《地面气象观测规范》，露点温度的测量是利用马格拉斯公式的转换形式。在此仅列出世界气象组织（WMO）推荐的戈夫－格雷奇（Goff-Gratch）公式（饱和水汽压式）：

$$\lg E_w = 10.79574 \cdot \left(1 - \frac{273.16}{T}\right) - 5.02800 \cdot \lg\left(\frac{T}{273.16}\right) +$$

$$1.50475 \times 10^{-4}\left(1 - 10^{-8.2969 \cdot \left(\frac{T}{273.16} - 1\right)}\right) + 0.42873 \times 10^{-3}\left(10^{4.76955 \cdot \left(1 - \frac{273.16}{T}\right)} - 1\right) + 0.78614$$

式中，T 为绝对温度（单位：K）；E_w 为纯水平液面饱和水汽压（单位：hPa）。

2. 露点湿度计来测量露点

露点湿度计主要由光学感应头、放大器、电源等部分组成（图 3-20）。让空气连续通过一光洁的镜面，用人工制冷使镜面温度降低（例如，利用帕尔帖效应或者它下面流过一束冷却液体），使空气中水汽在镜面凝结。刚发生凝结时由镜面反射的光强急剧减小，测出该瞬间凝结面的温度，即为露点。通常 0 ℃以上的温度时使用。

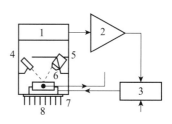

图 3-20　露点湿度计示意图
（1.光学感应头　2.放大器　3.电源　4.光源
5.光敏电阻　6.镜面　7.热电冷却器　8.散热片）

（二）人体对露点的不同反应

在高露点时，一般人都会感到不适。由于高露点时气温一般都会较高、而导致人体出汗；而高露点有时也伴随着高相对湿度、汗水挥发受阻，从而使人体过热而感到不适。另一方面，低露点时气温或者相对湿度会较低，任何一项都可令人体有效的散热，因而比较舒适。

在内陆居住的人一般都会在露点到达 15～20 ℃时开始感到不适；而当露点超过 21 ℃时更会感到闷热。

实践活动 ·······························

小组合作，利用提示的基本实验材料，设计并完成一个模拟露形成的实验。

基本实验材料：毛巾、不锈钢杯、碎冰块。

要求：（1）自行设计实验方案；（2）记录探究活动的过程；（3）记录实验步骤；（4）记录实验现象和结论；（5）指出实验的注意事项。

科学探究 ···

露水对植物的作用都是负面的吗?

第四节　秋分

《夜雨寄北》

［唐］李商隐

君问归期未有期，巴山夜雨涨秋池。

何当共剪西窗烛，却话巴山夜雨时。

　　这首《夜雨寄北》描绘了秋季夜雨绵绵密密，淅淅沥沥，下个不停。秋雨绵绵常发生于秋分之后。秋分（公历 9 月 22—24 日）之后，北半球各地昼渐短夜渐长，南半球各地昼渐长夜渐短，从这一天起，太阳直射位置继续由赤道向南半球推移，北半球开始昼长逐渐变短，黑夜逐渐变长（冬至日达到黑夜最长，白天最短），昼夜温差逐渐加大，幅度将高于 10 ℃。体感温度和实际温度都逐日下降，一天比一天冷，逐渐步入深秋季节，农谚有语说："一场秋雨一场寒"。

　　我国秋季多雨的地区常发生在我国华西地区，所以称为"华西秋雨"。西南地区多丘陵地带，而"华西秋雨"又常常下在 20 时以后到第二天 08 时以前，因此古时又将西南地区的"华西秋雨"别称"巴山夜雨"。接下来了解一下华西秋雨以及巴山夜雨的相关知识。

一　华西秋雨

　　华西秋雨是我国华西地区的特殊天气现象。从气象学上讲，指的是每当秋天来临时候，一股股的冷空气从西伯利亚南下进入我国大部分地区，当它和南方正在逐渐衰退的暖湿空气相遇后，便形成了雨。一次次冷空气南下，使当地的温度一次次降低，并常常造成一次次的降雨，从而形成秋雨连绵，下个不停。因为这是我国华西地区秋季多雨的特殊天气现象，所以也称为"华西秋雨"。它主要出现在四川、重庆、渭水流域（甘肃南部和陕西中南部）、汉水流域（陕西南部和湖北中西部）、云南东部、贵州等地。其中尤以四川盆地和川西南山地及贵州的西部和北部最为常见。华西秋雨可以从 9 月持续到 11 月，主要降雨时段为 9 月、10 月两个月。

华西秋雨特点：一是雨日多，二是以绵绵细雨为主。虽然雨日多，但降雨强度一般比夏季弱。

二 巴山夜雨

"巴山夜雨"的谚语，就是因为西南地区多丘陵地带，而雨又多下于夜间而得名。例如，重庆、峨眉山分别占 61% 和 67%，贵州高原上的遵义、贵阳分别占 58% 和 67%。我国其他地方也有多夜雨的，但夜雨次数、夜雨量及影响范围都不如西南地区。

然而，事实上巴山并不是一般人所认为的大巴山。明代曹学佺在《蜀中名胜记》中写得明明白白，位于重庆北碚的缙云山，在古时候就称为巴山，这里的夜雨现象特别明显，因此"巴山夜雨"后泛指秋季重庆丘陵地带的夜雨。

（一）形成机理

其一是地理位置。重庆地区夜雨多的原因，主要是由于丘陵地带空气潮湿，天空多云。云层遮挡了部分太阳辐射，白天云下气温不易升高，对流不易发展。夜间云层能够吸收来自地面辐射的热量，再以逆辐射的方式，把热量输送给地面。所以云层对地面有相当的保温作用，使夜间云下气温不致过低。可是云层本身善于辐射散热，其上层由于辐射散热，温度降低，低于云下气温，这就形成云层上冷下暖的特征，大气层结构趋向不稳定，于是上下空气就发生对流，云层发展，出现降雨现象。

其二是西南地区多准静止锋。云贵高原对南下的冷空气，有明显的阻碍作用，因而我国西南山地在冬半年常常受到准静止锋的影响。在准静止锋滞留期间，锋面降水出现在夜间和清晨的次数，占相当大的比重相应地增加了西南山地的夜雨率。

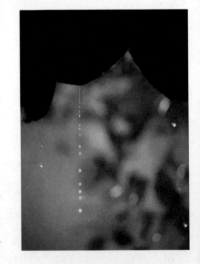

图 3-21　夜雨

（二）特点

主要降雨时段是出现在 9 月、10 月两个月，雨日多持续时间较长；另一个特点是以绵绵细雨为主，雨量不大，强度比夏季弱。

（三）典型天气形势

巴山夜雨天气的形成无疑是冷暖空气相互作用的结果。每年进入 9 月以后，四川盆地地区在海拔 5500 m 上空处在西北太平洋副热带高压和伊朗高压之间的低气压区域内。西北太平洋副热带高压西侧或西北侧的西南气流将南海和印度洋上的暖湿空气源源不断地输送到这一带地区，使这一地区具备了比较丰沛的水汽条件。同时随着冷空气不断从高原北侧东移或从我国东部地区向西部地区倒灌，冷暖空气在我国四川盆地频频交汇，于是便形成了巴山夜雨（图 3-22）。

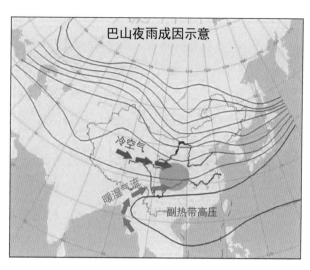

图 3-22　巴山夜雨典型天气形势

⚖ 物理知识点 ·······································

城市风

若没有足够的水汽，冷暖空气交汇通常不能形成降雨。在城市中，因为城市热岛效应的影响，即城市中的气温明显高于外围郊区的气温，在这样的条件下，引起空气在城市上升形成低气压，在郊区下沉高气压，在城市与郊区之间形成了小型的热力环境，近地面大气会从郊区向城市运动，高空大气从城市向郊区运动，从而形成"城市风"。

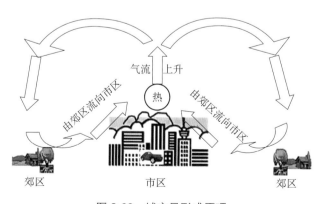

图 3-23　城市风形成原理

🎡 实践活动 ....

1. 用 Excel 绘制柱状图，展示反映重庆的热岛现象。

2. 小组成员分工合作，分别测量记录同一天 14 时重庆市中心气温、东南西北四个城郊居民区平均气温、东南西北四个郊区农田平均气温。

☀ 科学探究 ....

1. 分析北碚区白天和晚上降雨特点，夜雨量和夜雨日的分布特征。

2. 夜雨总是绵绵的吗？外出露营恰逢预报有雨，应该如何防范？

第五节　寒露

《晨坐斋中偶而成咏》

[唐] 张九龄

寒露洁秋空，遥山纷在瞩。
孤顶乍修耸，微云复相续。
人兹赏地偏，鸟亦爱林旭。
结念凭幽远，抚躬曷羁束。
仰霄谢逸翰，临路嗟疲足。
徂岁方晼携，归心亟踟蹰。
休闲倘有素，岂负南山曲。

这首诗前两句描绘了寒露时节，天气秋高气爽，远处山脉以及空中的丝丝云朵均清晰可见。寒露为秋天的第五个节气（公历 10 月 7 — 9 日）。"寒露"的意思，是此时期的气温比"白露"时更低，地面的露水更冷，快要凝结成霜了。如果说"白露"节气标志着炎热向凉爽的过度，那么"寒露"节气则是天气转凉的象征，标志着天气由凉爽向寒冷过渡，如俗语所说的那样，"寒露寒露，遍地冷露"（图 3-24）。

图 3-24　寒露

从气象学上来讲，寒露以后，北方冷空气已有一定势力，我国大部分地区在冷高压控制之下，雨季结束，我国大陆上绝大部分地区雷暴已消失，只有云南、四川和贵州局部地区尚可听到雷声。天气常是昼暖夜凉，晴空万里，一派深秋景象，偶尔空中有丝丝云彩，也清晰可辨，不如夏季天空中的云辨别较困难。

一　云的识别

云是大气中水汽凝结（凝华）成的水滴、过冷水滴、冰晶或者它们混合组成的飘浮在空中的可见聚合物。常常可见的云，有薄如轻纱，有如絮似锦，有云气势磅礴，有云绚丽多姿，观云识天说起来容易，但实际工作却很不易。云的类型，简单来说分成三种形态：一大团的积云，一大片的层云和纤维状的卷云。气象学上，常根据云底的高度和成因，将云分成 3 族（低云、中云、高云）10属（表 3-1，图 3-25，图 3-26，图 3-27）。

表 3-1　云的种类划分

族	云属		云类	
	学名	符号	学名	符号
低云	积云	Cu	淡积云	Cu hum
			碎积云	Fc
			浓积云	Cu cong
	积雨云	Cb	秃积雨云	Cb calv
			鬃积雨云	Cb cap
	层积云	Sc	透光层积云	Sc tra
			蔽光层积云	Sc op
			积云性层积云	Sc cug
			堡状层积云	Sc cast
			荚状层积云	Sc lent
	层云	St	层云	St
			碎层云	Fs
	雨层云	Ns	雨层云	Ns
			碎雨云	Fn
中云	高层云	As	透光高层云	As tra
			蔽光高层云	As op
	高积云	Ac	透光高积云	Ac tra
			蔽光高积云	Ac op
			荚状高积云	Ac lent
			积云性高积云	Ac cug
			絮状高积云	Ac flo
			堡状高积云	Ac cast

续表

族	云属		云类	
	学名	符号	学名	符号
高云	卷云	Ci	毛卷云	Ci fil
			密卷云	Ci dens
			伪卷云	Ci not
			钩卷云	Ci unc
	卷层云	Cs	毛卷层云	Cs fil
			薄幕卷层云	Cs nebu
	卷积云	Cc	卷积云	Cc

图 3-25　荚状积云

图 3-26　虹彩云

图 3-27　水母云

二　云的观测

云的观测包括 3 部分，即是云状、云量、云高观测。云量观测主要是观测天空中云遮蔽天空视野的成数（0～10），分为总云量和低云量。实际观测中，总云量常有几种云组成，由于云在天空分布零乱，采用平移云量的方法，进行天空空白云量填补，使总云量完整。再对天空等份分割，估计出总云量。对分散的单云量，也要用这种方法估算。云量的记录：总云量的记录，全天无云，总云量记0；天空完全为云所遮蔽，记10；天空完全为云所遮蔽，但只要从云隙中可见青天，则记10−；云占全天十分之一，总云量记1；云占全天十分之二，总云量记2，其余依次类推。天空有少许云，其量不到天空的十分之零点五时，总云量记0。低云量的记录方法，与总云量同。云高观测是指对云底距测站地面的垂直距离的观测（表3-2）。

表3-2　不同云的垂直高度

云属	高度范围/m	说明
积云	600～2000	沿海及潮湿地区，或雨后初晴潮湿地带，云底较低，有时在600 m以下；沙漠和干燥地区，有时高达3000 m。
积雨云	600～2000	一般与积云云底相同。有时由于有降水，云底比积云低。
层积云	600～2500	当低层水汽充沛时，云底高可在600 m以下。个别地区有时高达3500 m。
层云	50～800	与低层湿度有密切关系，湿度大时，云底较低；湿度小时，云底较高。
雨层云	600～2000	刚由高层云变来的雨层云，有时可高达6000 m。
高层云	2500～4500	刚由卷层云变来的高层云，有时可高达6000 m。
高积云	2500～4500	夏季南方地区有时高达8000 m。
卷云	4500～10000	夏季南方地区有时高达17000 m；冬季北方和西部高原地区可低至2000 m以下。
卷层云	4500～8000	冬季北方和西部高原地区，有时可低至2000 m以下。
卷积云	4500～8000	有时与卷云高度相同。

三　云高观测的自动化发展

云高的自动化观测，即是通过激光云高仪实现，其工作原理与激光测距仪类似。激光测距仪向云底发射一束脉冲激光，经过时间t后，接收器接收到云层的激光回波信号，仪器至所测云底间的斜距S可表示为

$$S=ct/2$$

式中，c为光速。由激光测云仪的仰角α，即求得云底高度$H=S\sin\alpha$。

　　激光云高仪获取整个探测路径上的高空间分辨率的激光大气回波廓线，对距离矫正过的回波强度廓线特征进行分析，确定观测点上空是否存在云。若有云，依据不同云的特征确定云底位置进而得到云高；若无云，则输出垂直能见度。

 **物理知识点** ·····························

激光

　　激光是 20 世纪以来继核能、电子计算机、半导体之后，人类的又一重大发现，被称为"最快的刀""最准的尺""最亮的光"。其英文名 Light Amplification by Stimulated Emission of Radiation 的意思是"通过受激辐射光扩大"。激光的英文全名已经完全表达了制造激光的主要过程。激光的原理早在 1916 年已被著名的美国物理学家爱因斯坦发现。

　　原子受激辐射的光，故名"激光"：原子中的电子吸收能量后从低能级跃迁到高能级，再从高能级回落到低能级的时候，所释放的能量以光子的形式放出。被引诱（激发）出来的光子束（激光），其中的光子光学特性高度一致。这使得激光比起普通光源，激光的单色性好，亮度高，方向性好。

　　激光应用很广泛，有激光打标、激光焊接、激光切割、光纤通信、激光测距、激光雷达、激光武器、激光唱片、激光矫视、激光美容、激光扫描、激光灭蚊器、LIF 无损检测技术等等。激光系统可分为连续波激光器和脉冲激光器。

　　光与物质的相互作用，实质上是组成物质的微观粒子吸收或辐射光子，同时改变自身运动状况的表现。

　　微观粒子都具有特定的一套能级（通常这些能级是分立的）。任一时刻粒子只能处在与某一能级相对应的状态（或者简单地表述为处在某一个能级上）。与光子相互作用时，粒子从一个能级跃迁到另一个能级，并相应地吸收或辐射光子。光子的能量值为此两能级的能量差 ΔE，频率为 $v = \Delta E / h$（h 为普朗克常量）。

　　（1）受激吸收（简称吸收）

　　处于较低能级的粒子在受到外界的激发（即与其他的粒子发生了有能量交换的相互作用，如与光子发生非弹性碰撞），吸收了能量时，跃迁到与此能量相对应的较高能级。这种跃迁称为受激吸收。

　　（2）自发辐射

　　粒子受到激发而进入的激发态，不是粒子的稳定状态，如存在着可以接纳粒子的较低能级，即使没有外界作用，粒子也有一定的概率，自发地从高能级激发态（E_2）向低能级基态（E_1）跃迁，同时辐射出能量为（E_2-E_1）的光子，光子频率 $v=$（E_2-E_1）$/h$。这种辐射过程称为自发辐射。众多原子以自发辐射发出的光，不具有相位、偏振态、传播方向上的一致，是物理上所说的非相干光。

（3）受激辐射、激光

1917 年，爱因斯坦从理论上指出：除自发辐射外，处于高能级 E_2 上的粒子还可以另一方式跃迁到较低能级。他指出当频率为 $v=$（E_2-E_1）$/h$ 的光子入射时，也会引发粒子以一定的概率，迅速地从能级 E_2 跃迁到能级 E_1，同时辐射一个与外来光子频率、相位、偏振态以及传播方向都相同的光子，这个过程称为受激辐射。可以设想，如果大量原子处在高能级 E_2 上，当有一个频率 $v=$（E_2-E_1）$/h$ 的光子入射，从而激励 E_2 上的原子产生受激辐射，得到两个特征完全相同的光子，这两个光子再激励 E_2 能级上原子，又使其产生受激辐射，可得到四个特征相同的光子，这意味着原来的光信号被放大了。这种在受激辐射过程中产生并被放大的光就是激光。

激光的应用——激光测云仪

图 3-28　激光测云仪

激光测云仪（Laser ceilometer）利用激光技术测量云底高度的一种主动式大气遥感设备（图 3-28），一般由激光发射系统、接收系统、光电转换系统、数据处理显示系统和控制系统等组成。

探测原理是：激光器对准云底发射脉冲光束，接收来自云滴对激光产生的后向散射光；根据从发射激光脉冲到接收到回波信号的时间和激光束的仰角，算出云底高度。如果激光光束穿透云层后能量尚未衰减殆尽，再遇到第二层甚至第三层云时，仍可测到云滴的后向散射光信号，从而测得云的层次和厚度。由于这种回波信号较弱，测得的云的层次和厚度有时误差较大，因此激光测云仪也可用来研究激光束在云中的衰减情况。

四　云的谚语

古时，人们观云识天，总结了许多宝贵的经验，并运用到日常的农事生产和生活安排，如下。

鱼鳞天，不雨也风颠（卷积云）。

天上鲤鱼斑，晒谷不用翻（透光高积云）。

天上钩钩云，地上雨淋淋（钩卷云）。

满天乱飞云，雨雪卜不停（恶劣天气下的碎雨云）。

馒头云，天气晴（淡积云）。

天上扫帚云，三五日内雨淋淋（密卷云）。

火烧乌云盖，大雨来得快（积雨云）。

炮台云，雨淋淋（堡状高积云）。

棉花云，雨快临（絮状高积云）。

天上灰布云，下雨定连绵（雨层云）。

天上花花云，地上晒死人（毛卷云）。

黑猪过河，大雨滂沱（大块碎雨云）。

实践活动 ···

学习云的观测符号、云观测的记法，让学生记录一周总云量、低云量及云状。

科学探究 ···

1. 将容易带来降水的云挑选出来，分析其季节出现的频率。
2. 分析云在大气水循环中起到的作用。

第六节 霜降

《霜月》

[唐]李商隐
初闻征雁已无蝉，百尺楼高水接天。
青女素娥俱耐冷，月中霜里斗婵娟。

这首《霜月》描写的是深秋季节，在一座临水高楼上观赏霜月交辉的夜景，月白霜清，给人们带来了寒凉的秋意。霜降是秋季的最后一个节气（公历 10 月 22—24 日），是秋季到冬季的过渡节气。古籍《二十四节气解》中说："气肃而霜降，阴始凝也"，可见"霜降"表示天气逐渐变冷，空气中的水蒸气凝结，开始有霜出现，大地上的树叶枯黄掉落。

图 3-29 秋季的霜

从气象学上讲，霜是一种天气现象，是由冰晶组成，和露的出现过程是类似的，都是空气中的相对湿度到达 100% 时，水分从空气中析出的现象（图 3-29）。它们的差别只在于露点（水汽液化成露的温度）高于冰点，而霜点（水汽凝华成霜的温度）低于冰点，因此只有近地表的温度低于 0 ℃时，才会结霜。从物理学上讲，霜是由空气中的水蒸气遇冷凝华而成的固态白色冰晶（固态水），它属于物态变化的一种。

一 霜

霜是水汽凝成的，水汽怎样凝成霜呢？南宋诗人吕本中在《南歌子·旅思》中写道："驿内侵斜月，溪桥度晚霜"，说明寒霜出现于秋天晴朗的月夜。

（一）形成机理

晴朗微风的夜晚，地面或地物由于辐射冷却，使贴近地表面的空气层也随之降温，当其温度降到露点以下即空气中水汽含量过饱和时，在地面或地物的表面就会有水汽的凝结。如果此时的露点温度在 0 ℃以上，在地面或地物上就出现微小的水滴，称为露。如果露点温度在 0 ℃以下，则水汽直接在地面或地物上凝华成白色的冰晶，称为霜（图 3-30）。有时已生成的露，由于温度降至 0 ℃以下，冻结成冰珠，称为冻露，实际上也归入霜的一类。

图 3-30　自然界中的霜

（二）形成条件

1.夜间晴朗有利于地面或地物迅速辐射冷却。

2.微风可使辐射冷却在较厚的气层中充分进行，而且可使贴地空气得到更换，保证有足够多的水汽供应凝结。

3.无风时可供凝结的水汽不多，风速过大时由于湍流太强，使贴地空气与上层较暖的空气发生强烈混合，导致贴地空气降温缓慢，均不利于露和霜的形成。

霜的形成，不仅和上述天气条件有关，而且和地面物体的属性有关。霜是在辐射冷却的物体表面上形成的，所以同类物体表面越容易辐射散热并迅速冷却，在它上面就越容易形成霜。

 物理知识点 ••

凝华

凝华是指在温度极低的条件下物质由气态直接变为固态的现象，是物质在温度和气压低于三相点的时候发生的一种物态变化（图 3-31）。

凝华形成条件比较特殊，一般是气体的浓度要到达一定的要求，温度要低于凝固点的温度。形成原因一般是急剧降温或者由于升华现象造成。

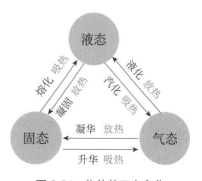

图 3-31　物体的三态变化

凝华是一个放热的物理过程。凝华发生在降温的时候，从微观的角度来看是分子（或原子）振动或运动速度减慢的过程，分子或原子动能减小；另外，气态时物体分子（或原子）之间间距最大、而固态时物体分子（或原子）间隙最紧密，凝华过程，分子（或原子）间距离减小，分子力做正功，分子势能也要减小。减小的动能和势能，以热能的方式释放出来，所以凝华过程是一个放热过程。

图 3-32　生活的中凝华现象

凝华的实例很多（图3-32），比如：用久的电灯泡会从透明变成黑色；树枝上的"雾凇"；冬夜窗玻璃上的冰花；从冰箱里拿出来的冰棍结成了一层"霜"；冬天叶片上出现的白边等。

二　霜的时空分布

气象学上，一般把秋季出现的第一次霜称为"早霜"或"初霜"，而把春季出现的最后一次霜称为"晚霜"或"终霜"。从终霜到初霜的间隔时期，就是无霜期。中国各地的初霜总体上是自北向南、自高山向平原逐渐出现的，呈带状分布。其中东北北部、大兴安岭、小兴安岭地区初霜出现在9月中旬之前，东北南部、内蒙古中部、华北初霜出现在9月中旬之后至10月中旬，长江流域10月中旬至11月中下旬逐渐开始出现初霜，长江上游的四川盆地，直到12月才出现初霜。华南和海南为最晚出现初霜的地区。终霜日期早晚的分布和初霜日期早晚的分布正好相反。总体而言，中国各地的霜期总体上是自北向南、自高山向平原逐渐缩短的，霜期长（短）的地区与初霜早（晚）、终霜晚（早）的地区非常一致。

三　霜和霜冻的区别

霜和霜冻是秋冬季节的天气现象。霜是由于贴近地面的空气受地面辐射冷却的影响而降温到霜点，即气层中地物表面温度或地面温度降到零度以下，所含水汽的过饱和部分在地面一些传热性能不好的物体上凝华成的白色冰晶。霜冻指夜间气温短时间降至零度以下的低温危害现象，农业气象学中是指土壤表面或者植物株冠附近的气温降至零度以下而造成作物受害的现象。

四　霜冻对农作物的作用

1. 为什么打了霜的萝卜更甜更好吃了？作物内部都是由许许多多的细胞组成的，作物内部细胞与细胞之间的水分，当温度降到摄氏零度以下时就开始结冰，从物理学中得知，物体结冰时，体积要膨胀。因此当细胞之间的冰粒增大时，细胞就会受到压缩，细胞内部的水分被迫向外渗透出来，自然打了霜的萝卜更甜更好吃。

2. 为什么严重的霜冻会导致作物死亡？如果作物的细胞失掉过多的水分，它内部原来的胶状物就逐渐凝固起来，特别是在严寒霜冻以后，气温又突然回升，则作物渗出来的水分很快变成水汽散失掉，细胞失去的水分没法复原，作物便会死去。

实践活动 ·····························

1. 小组合作，一起设计并完成一个模拟霜形成的实验。
2. 分析重庆初霜日和霜日终止时间的地区差异。

科学探究 ·····························

1. 霜和露的形成条件有哪些异同？
2. 同样的气象条件下，同类物体同一时间，表面积大的容易结霜还是表面积小的容易结霜？

从气象学意义上讲，连续五天滑动平均气温稳定低于 10 ℃算作冬季。二十四节气中将立冬、小雪、大雪、冬至、小寒、大寒划为冬季。

冬季是四季之一。冬，作为终了之意，是指一年的田间操作结束了，作物收割之后要收藏起来的意思。冬季在很多地区都意味着沉寂和冷清。生物在寒冷来袭的时候会减少生命活动，很多植物会落叶，动物会选择休眠，有的称作冬眠。候鸟会飞到较为温暖的地方越冬。

第一节 立冬

《立冬即事二首》

[南宋] 仇远

细雨生寒未有霜，庭前木叶半青黄。

小春此去无多日，何处梅花一绽香。

这首《立冬即事二首》是宋代文学家仇远的作品。诗的前半部分写道：一场细雨带来了许多寒意，却还没有冷到结成霜的程度。庭院前树上的叶子，已经一半青一半黄了。简明扼要地写出了立冬时节的天气特征。

立冬是冬季的开始，立冬节气开始时间在每年公历的 11 月 6—8 日。立冬时节，随着冷空气势力的加强，气温下降的趋势加快。北方的降温，人们习以为常。而对于此时处在深秋"小阳春"的长江中下游地区的人们，平均气温一般为 12～15 ℃。绵雨已结束，如果遇到强冷空气迅速南下，有时不到一天时间，降温可接近 8～10 ℃，甚至更多。但大风过后，阳光照耀，冷气团很快变性，气温回升较快。气温的回升与热量的积聚，促使下一轮冷空气带来较强的降温。

这里说的降温往往是指气温的下降。造成近地面气温下降或上升的原因很多，其中一个重要原因就是太阳辐射，太阳辐射强弱不同会造成近地面气温的不均匀分布，从而引发的空气流动，使得某地气温发生变化。同时，太阳辐射也会造成土壤温度的水平和垂直变化，当土壤温度达到 0 ℃以下，土壤就会形成冻土。下面让我们来了解土壤温度的相关知识。

一 地温及其测量

地温是指下垫面温度和不同深度的土壤温度的统称。下垫面温度包括裸露土壤表面的地面温度、草面（或雪面）温度及最高、最低温度。地温是气象观测项目之一，单位为摄氏度（℃）。

气象站一般观测浅层地温包括离地面 5 cm，10 cm，15 cm，

20 cm 深度的地中温度，深层地温包括离地面 40 cm，80 cm，160 cm，320 cm 深度的地中温度。

地面表层土壤的温度称为地面温度，地面以下土壤中的温度称为地中温度。地温要用特制的地温表来测量。地温表的工作原理跟普通温度计的工作原理相同，通过感应球（普通温度计是玻璃泡）里的水银热胀冷缩来体现温度的高低。

地表温度的测量是将地温表平放于地面，使表身和感应球一半埋没于土中，一半裸露于空气中（图4-1）；测量地中温度是将地温表埋入某一深度土壤中，以其球部中间部位距地面深度为准。为了便于读数和准确测量某一深度土壤温度，地中温度通常采用特制的曲管地温表来测量。曲管地温表感应球部与表身成 135° 角连接，安装时，只要将表身与地面成 45° 倾斜角埋入土壤中即可没，露出地面的表身须用叉形木（竹）架支住（图4-2）。

图 4-1 地面温度表安装示意图

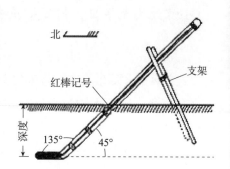

图 4-2 曲管地温表安装示意图

除了地面和曲管地温表之外，我们测量地温还可用直管地温表。直管地温表是装在带有铜底帽的管形保护框内，保护框中部有一长孔，使温度表刻度部位显露，便于读数。保护框的顶端连接在一根木棒（或三截棒）上，木棒长度依深度而定。整个木棒和地温表（保护框）又放在一根硬橡胶套管内。木棒顶端有一个金属盖，恰好盖住硬橡胶套管。木棒上几处缠有线圈，金属盖内装有毡垫，以阻滞管内空气对流和管内外空气交换，也可防止降水等物落入（图4-3）。直管地温表为什么需要在铜质底帽内装入铜屑呢？因为这样可以使温度表具有必要的滞后性，以便使在从地中抽出温度表进行读数的短时间内，示度保持不变。

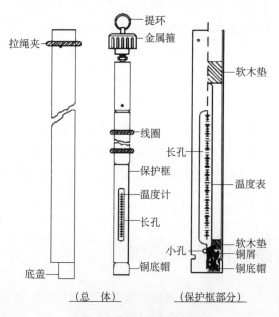

图 4-3 直管地温表组合图

二 地温表的使用

（一）观测地段

使用地面和曲管地温表进行地温观测。地面和浅层地温的观测地段，设在观测场内南面平整出的裸地上，地段面积为 2 m × 4 m。地表疏松、平整、无草，并与观测场整个地面相平。地面三支温度表须水平地安放在地段中央偏东的地面，按 0 cm 地温表、最低温度表、最高温度表的顺序自北向南平行排列，感应部分向东，并使其位于南北向的一条直线上，表间相隔约 5 cm。

曲管地温表安装在地面最低温度表的西边约 20 cm 处，按 5 cm，10 cm，15 cm，20 cm 深度顺序由东向西排列，感应部分向北，表间相隔约 10 cm。

（二）仪器安装

安装时，须先在地面划出安装位置，然后挖沟。表身露出地面的沟壁（称南壁）呈东西向，长约 40 cm，沟壁往下向北倾斜，与沟沿成 45° 坡；沟的北壁呈垂直面，北沿距南沿宽约 20 cm；沟底为阶梯形，由东至西逐渐加深，每阶距地面垂直深度分别约为 5 cm，10 cm，15 cm，20 cm，长约 10 cm。沟坡与沟底的土层要压紧。然后安放地温表，使表身背部和感应部分的底部与土层紧贴，各表的深度、角度和距离均符合安装要求，再用土将沟填平。填土时，土层也须适度培紧，使表身与土壤间不留空隙。整个安装过程，运作应轻巧，以免损坏仪器。

为便于正确安装地温表和日后检查深度变化，在安装前用米尺和量角器量准地温表埋置的深度部位，并在表身的相应处做一红漆记号，安装后的土面应与记号平齐。

为了避免观测时践踏土壤，应在地温表北面相距约 40 cm 处，顺东西向设置一观测用的栅条式木制踏板。踏板宽约 30 cm，长约 100 cm。

（三）观测和记录

0 cm，5 cm，10 cm，15 cm，20 cm 地温表于每日 02 时、08

时、14 时、20 时观测；地面最高、最低温度表于每天 20 时观测一次，并随即进行调整。编发天气报和加密天气报的气象站，当 08 时地面最低温度可能出现在 ±5 ℃之间时，应于 08 时观测一次地面最低温度。各种地温表观测读数要准确到 0.1 ℃。

观测时，要踏在踏板上，按 0 cm 地温表、最低温度表、最高温度表和 5 cm 地温表、10 cm 地温表、15 cm 地温表、20 cm 地温表的顺序读数。观测地面温度时，应俯视读数，不准把地温表取离地面。读数记入观测簿相应栏，并进行器差订正。

地面和曲管地温表被水淹时，可照常观测，其中地面三支温度表应水平地取出水面，迅速进行读数。在拿取地温表时，须注意勿使水银柱、游标滑动，手也不能触及地温表感应部分。若遇地温表漂浮于水中，则记录从缺。

地面三支温度表被雪埋住时，在降雪或吹雪停止后，应小心将表从雪中取出（勿使水银柱、游标滑动），水平地安装在未被破坏的雪面上，感应部分和表身埋入雪中一半。当发现表身下陷雪内，或在观测前巡视时表身又被雪埋住时，均应将表重新安装在雪面上。读数时若感应部分又被雪盖，可照常读数。

在积雪较浅或积雪时间较短的地区，当积雪覆盖曲管地温表时，可以把雪拨开观测（沿地温表表身拨开一道缝，露出刻度线即可）。但积雪时间较长且积雪较深的地区，在积雪覆盖曲管地温表后，即停止观测。

在观测中发现地面温度表损坏，可用地面最低温度表酒精柱读数代替。

上述情况均应在备注栏注明。

（四）仪器维护

1. 裸地表土应保持疏松、平整、无草，雨后造成地表板结时，应及时将表土耙松。

2. 必须经常注意地面三支温度表感应部分的安装状态，切实做到一半埋入土中（球部与土壤须密贴），一半露出地面；露出地面部分要保持干净，及时擦拭掉沾附在上面的雨、露、霜、尘土等。每天 20 时观测后和大风、雷雨天气过后，应认真检查一次，保证安装正常。

每月检查一次曲管温度表的安装状况。安装深度、角度超过允许误差时，应立即纠正。

3. 场地有积水或遇有强降水时，为防止地面的三支温度表漂动，可用竹、木或金属丝做成的叉形物叉住表身。

4. 在夏季高温的日子里，为防止地面最低温度表失效，应在早上温度上升后观测一次面最低，记入观测簿 08 时栏，随后将地面最低温度表收回，并使其感应部分向下，妥善立放室内或于荫蔽处。20 时观测前巡视时再放回原处（游标须经调整）。若遇雷雨天气，因可能有显著降温，应提前将表放回原处，以免漏测最低温度。

5. 在可能降雹之前，为防止损坏地面温度表和曲管地温表，应罩上防雹网罩，雹停后立即取掉。

6. 冬季，为防止潮湿土壤冻结时冻住和损坏地面三支温度表，可事先用等量的凡士林和机油的混合物，涂抹表身贴地的一面；但在调整温度表时，注意勿使表从手中滑脱。

三 冻土

立冬的时候，气温和地温都呈走低趋势，当地温一定程度时就容易出现冻土。冻土是指有水分的土壤因温度下降到 0 ℃或以下而呈冻结的状态。

（一）冻土的分类

1. 按照时间分布分类

一般可分为短时冻土（数小时、数日以至半月）、季节冻土（半月至数月）以及多年冻土（数年至数万年以上）。地球上多年冻土、季节冻土和短时冻土区的面积约占陆地面积的 50%，其中，多年冻土面积占陆地面积的 25%。

（1）短时冻土，即受天气变化影响，暂时冻结，不久便融化的土壤。

（2）季节性冻土，指冬季冻结、春季融化的土壤。其冻土层深度由自然地理条件和土壤物理特性等因素决定。

（3）多年冻土，又称"永久冻土"，指多年连续保持冻结的土壤。

2. 按空间分布分类

可分为连续冻土和不连续冻土。

(二)冻土的危害

冻土是一种对温度极为敏感的土体介质，含有丰富的地下冰。因此，冻土具有流变性，其长期强度远低于瞬时强度特征。正由于这些特征，在冻土区修筑工程构筑物就必须面临两大危险：冻胀和融沉。

 实践活动 ·································

1. 根据地温表的安装及测量要求，到学校指定地点记录一周 0 cm 地温、5 cm 地温、10 cm 地温变化情况。

2. 查阅相关资料，了解什么是地温梯度？正常地温梯度的标准是多少？怎么划分地温高温区？

科学探究 ·································

现在有一台冰箱、适量土壤、地温表、温度表，根据所提供的器材，设计实验，探究地温与气温之间的关系。

第二节 小雪

［唐］戴叔伦

花雪随风不厌看，更多还肯失林峦。

愁人正在书窗下，一片飞来一片寒。

　　《小雪》这首诗是唐代诗人戴叔伦的佳作。戴叔伦的初心，是想做一个像蝉一样高洁而逍遥的隐士，与世无争，但无奈纷纷的战乱迫使他为了生计不得不出来做官，从此流离漂泊。写这首诗的时候，正好是小雪时节，诗的大意是：随风起舞的雪花让人百看不厌，它们纷纷扬扬消逝在山林之间。我这个愁上心头的人独自坐在书窗前，看着雪花一片片飞落，内心寒意四起。

　　小雪是二十四节气中的第 20 个节气，小雪节气开始时间在每年公历的 11 月 22—23 日。进入该节气，西北风开始成为中国广大地区的常客，气温逐渐降到 0 ℃以下，开始出现降雪天气，正如诗中提到"一片飞来一片寒"。但是此时大地尚未过于寒冷，雪量不大，故称小雪。一般来说，下雪需要同时具备以下两个条件。

　　1. 有降水产生。

　　2. 近地面气温在 2 ℃以下。高空云中的气温在 0 ℃以下时，云中水汽就凝结成雪，雪花从云中落下，若近地面气温较高，雪花降落时，会融化成雨滴。相反，若近地面气温较低，雪花不能融化，大家就能看到美丽雪花了。

　　降雪是气温下降到一定程度后出现的天气现象。造成气温下降的冷空气来自于地球两极，地球两极近地面接收到的太阳辐射相对低纬度地区偏少，气温更低，空气密度更大，气压更高。

一 气压

　　气压是大气压强的简称。从微观层面解释，由分子运动理论可知，气体的压强是大量分子频繁地碰撞容器壁而产生的。单个分子对容器壁的碰撞时间极短，作用是不连续的，但大量分子频繁地碰撞器壁，对器壁的作用力是持续的、均匀的，这个压力与器壁面积的比值就是压强大小。而大气的压强就是气压。

气象上常用的气压测定仪器有液体（如水银）气压表（见图 4-4）和固体（如金属空盒）气压表两种。

气压记录是由安装在温度较稳定、光线充足的气压室内的气压表或气压计测量的，有定时气压记录和气压连续记录。

人工目测的定时气压记录是采用动槽式或定槽式水银气压表测量的，基本站每日观测 4 次，基准站每日观测 24 次。气压连续记录和遥测自动观测的定时气压记录采用的是金属弹性膜盒作为感应器而记录的，可获得任意时刻的气压记录。

采用这些仪器测量的是本站气压，根据本站海拔高度和本站气压、气柱温度等参数可以计算出海平面气压。

图 4-4　水银气压表

二　气压测定仪器

（一）水银气压计

水银气压计是利用托里拆利管来测定大气压的一种装置。

大气压强不同支持的水银柱的高度不同，根据 $P=\rho gh$，其中 ρ 为水银密度，计算出的压强就等于大气压强，一般制造气压计时就算出来标到气压计上了，通过水银面对准的刻度，就可以直接读出此时的气压值。

（二）无液气压计

无液气压计是气压计的一种，最常见的是金属盒气压计（见图 4-5）。

它的主要部分是一种波纹状表面的真空金属盒。为了不使金属盒被大气压所压扁，用弹性钢片向外拉着它。大气压增加，盒盖凹进去一些；大气压减小，弹性钢片就把盒盖拉起来一些。盒盖的变化通过传动机构传给指针，使指针偏转。从指针下面刻度盘上的读数，可知道当时大气压的值。

它使用方便，便于携带，但测量结果不够准确。如果在无液气压计的刻度盘上标的不是大气压的值，而是高度，于是就成了航空及登山用的高度计。

把空盒气压传感器和电子放大器结合产品。利用空盒气压传感器检测大气压力，然后转换为电信号，再经过数模转换为数字信号并显示，就得到大气压力了。

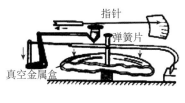

图 4-5 金属盒气压计的外形和内部构造

如果把大气近似看成理想气体，根据道尔顿分压定律，大气压强等于组成大气的各个部分的气体压强之和。而组成大气的气体中，水蒸气是重要的组成部分。当温度一定时，空气中的水蒸气在某些时候可以达到饱和状态，此时水蒸气的压强就称为饱和蒸汽压。饱和蒸汽压与温度有关，温度越高，水的饱和蒸汽压越大。

当空气中水蒸气达到饱和时候，如果温度降低，水蒸气就会从空气中析出，液化成水，水可以凝固成固体状态雪花降落下来。当然，如果温度比较低，水蒸气还可以直接凝华成雪花降落下来。

 物理知识点 ••••••••••••••••••••••••••••••••••••••

气压与伯努利定理

气压与我们的生活密不可分，比如说飞机为什么能够起飞，实际上就与气压有关。飞机起飞原理的根据是伯努利定理。

伯努利定理是说在一个流体系统，比如气流、水流中，流速越快，流体产生的压力就越小。在大气中，飞机首先在引擎的推动下获得一个水平方向的速度。机翼（见图 4-6）上表面凹凸，下表面较平，这样机翼的下表面空气流动速度较慢，压强比较大。机翼上表面凹凸，所以空气流动速度较快，根据伯努利定理，此时空气压强较小。这样上下表面就会存在压力差，形成了向上的升力，如果这个升力足够大，那么飞机就可以飞起来了。

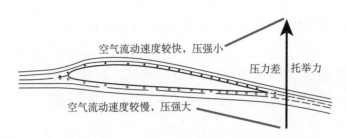

空气流动速度较快，压强小

压力差 托举力

空气流动速度较慢，压强大

图 4-6 飞机机翼外形图

飞机是在平流层飞行。平流层（同温层）位于对流层之上，顶端离地面大约 30 km，其特点是：温度大体不变，平均在 –56.5 ℃左右，几乎不存在水蒸气，所以没有云、雨、雾或雪等天气现象，只有水平方向的风，没有空气的上下对流。飞机在平流层飞行的好处有以下几点。

1. 受力稳定。平流层的大气上暖下凉，大气不对流，以平流运动为主，飞机在其中受力比较稳定，便于飞行员操纵驾驶。

2. 能见度高。地球大气的平流层水汽、悬浮固体颗粒、杂质等极少，天气比较晴朗，光线比较好，能见度很高，便于高空飞行。

3. 安全系数高。飞鸟飞行的高度一般达不到平流层，飞机在平流层中飞行就比较安全。当然，在起飞和着陆时，要想方设法驱赶飞鸟才更安全。

4. 噪声污染小。平流层距离地面较高，约 12~15 km，飞机绝大部分时间在其中飞行，对地面噪声污染相对较小。

实践活动

查阅资料，学习气压的人工观测步骤，记录学校一周的气压情况。动手绘制一张地面等压线图。

科学探究

查阅相关资料，了解强降温在重庆的分布特征。

第三节 大雪

[唐]白居易
已讶衾枕冷，复见窗户明。
夜深知雪重，时闻折竹声。

《夜雪》是唐代诗人白居易创作的一首五言绝句。作于唐宪宗元和十一年（公元 816年）冬。诗人当时 45 岁，因上书论宰相遇刺事被贬作江州司马（官职），在寒冷寂静的深夜中作者看见窗外积雪有感而发，孤寂之情愈发浓烈，写下了这首《夜雪》。诗的大意是：实在惊讶今夜的寒冷，被子枕头竟然冰凉，又见窗外一片通明。夜深了，知道这是外边下了大雪，雪越下越大，不时听到厚厚积雪压断树枝的声音。

降雪是大雪时节北方的常见天气现象。大雪节气，大雪节气开始时间在每年公历的 12 月 6—8 日，除华南和云南南部无冬区外，我国大部分地区已进入冬季，东北、西北地区平均气温已达 -10 ℃以下，黄河流域和华北地区气温也稳定在 0 ℃以下，此时呈现"万山凋敝黯无华"的景象。大雪时节相对小雪时节天气更冷，降雪量不一定很大，但降雪的可能性比小雪时节更大了。

一 雪与降雪量

雪是天空中飘落的白色结晶体，是天空中的水蒸气冷至℃以下凝结而成。由于降落到地面上的雪花的大小、形状以及雪的疏密程度不同，降雪的量级是以雪融化后的水来度量的。降雪量等级见表 4-1。

表 4-1　不同时段的降雪量等级划分表

等级	时段降雪量	
	12 h 降雪量 /mm	24 h 降雪量 /mm
微量降雪（零星小雪）	<0.1	<0.1

续表

等级	时段降雪量	
	12 h 降雪量 /mm	24 h 降雪量 /mm
小雪	0.1～0.9	0.1～2.4
中雪	1.0～2.9	2.5～4.9
大雪	3.0～5.9	5.0～9.9
暴雪	6.0～9.9	10.0～19.9
大暴雪	10.0～14.9	20.0～29.9
特大暴雪	≥15.0	≥30.0

二　雪深及其观测

　　当气象站四周视野地面被雪覆盖超过一半时要观测雪深；雪深是从积雪表面到地面的垂直深度，以厘米（cm）为单位，取整数。

　　雪深的观测地段，应选择在观测场附近平坦、开阔的地方。入冬前，应将选定的地段平整好，清除杂草，并作上标志。气象站一般用量雪尺（或普通米尺）来测量雪深。量雪尺是一木制的有厘米刻度的直尺（见图 4-7）。

图 4-7　量雪尺

物理知识点 ·······························

　　1. 符合观测雪深的日子，每天 08 时在观测地点将量雪尺垂直地插入雪中到地表为止（勿插入土中），依据雪面所遮掩尺上的刻度线，读取雪深的厘米整数，小数四舍五入。使用普通米尺时，若尺的零线不在尺端，雪深值应注意加上零线至尺端距离的相当厘米数值。

　　2. 每次观测须作三次测量，记入观测簿相应栏中，并求其平均值。三次测量的地点，彼此相距应在 10 m 以上（丘陵、山地气象站因地形所限，距离可适当缩短），并做出标记，以免下次在原地重复测量。

　　3. 平均雪深不足 0.5 cm 记 0；若 08 时未达到测定雪深的标准，之后因降雪而达到测定标准时，则应在 14 时或 20 时补测一次；记录记在当日雪深栏，并在观测簿备注栏注明。

　　4. 若气象站四周积雪面积过半，但观测地段因某种原因而无积雪，则应在就近有积雪的地方、选择较有代表性的地点测量雪深（雪压同）。如因吹雪或其他原因使观测地段的积雪高低不平时，应尽量选择比较平坦的雪面来测定。

丘陵、山地的气象站四周积雪达到记录积雪标准，但由于地形影响，测站附近已无积雪存在时，雪深不测量（雪压同），但应在观测簿备注栏注明。

三　雪灾的防范

降雪除了有一定的观赏价值以外，还能带来不少益处。

1. 能净化空气，雪在形成和飘落过程中，能带走大气中漂浮的尘埃、煤屑、矿物质等，使得空气格外清新宜人。

2. 能对越冬农作物等起到防冻保暖作用。

3. 融化的雪可增加土壤水分，促进农作物生长，能解决缺水地区人畜的饮水问题。

4. 为土壤增肥，雪水中含重水含量少、生物活性强、含氮化物多，能在土壤中合成硝酸铵等盐类，成为农作物所需的氮肥。民间就有"瑞雪兆丰年"的说法。

但是雪量过大，积雪过深，持续时间过长，则造成灾害。常见的雪灾主要有以下四种。

1. 积雪：深厚的积雪会压垮房屋，压坏农作物、牧草等会造成牲畜觅食困难，会压断一些通信和输电线路等，会影响公路、铁路、航运和人们出行。

2. 风吹雪（简称吹雪）：造成的低能见度会使人迷失方向，交通中断，牧草被淹没，牲畜被吹散或死伤，影响道路交通等。风吹雪是指气流挟带起分散的雪粒在近地面运行的多相流，它是一种复杂的特殊流体。

3. 暴风雪（简称雪暴）：暴风雪是指大量的雪被强风卷着随风运行，并且不能判定当时是否有降雪，水平能见度小于 1 km 的天气现象；雪暴使人睁不开眼睛，辨不清方向，严重的能拔起大树，刮断电杆，吹倒卷走人畜。

4. 雪崩：是积雪山区一种严重的自然灾害，它能掩埋和摧毁大片森林、房屋、交通线路、通信设施和车辆等。同时能引起山体滑坡、山崩和泥石流等灾害。雪崩是指由于积雪重力不平衡，导致大规模滑塌，引起大量雪体崩塌。雪崩具有突然性、运动速度快、破坏力大的特点。

那么，如果遇到雪灾能做些什么呢？

1.要关注最新天气预报和预警信息，了解机场、高速公路、轮渡码头等封闭消息。

2.外出时要采取防寒和保暖措施，外出注意防滑，尽量别穿硬底鞋和光滑底的鞋，给鞋套上旧棉袜，是很多人在这场冰雪灾害中摸索出来的好办法。

3.应该多准备一些耐存的食物，注重膳食营养，增加御寒食物的摄入。

4.避免风雪天气时，在不结实的建筑物、屋檐、树和广告牌下方和附近行走。

5.积雪过厚应避免驾车出行。

6.要配合相关部门做好道路扫雪和融雪。

⚖ 物理知识点 ....

晶体

雪花也是一种晶体，在不同的温度和湿度条件下，呈现出不同的形状，但以六角形居多。晶体是由大量微观物质单位（原子、离子、分子等）按一定规则有序排列的结构，因此可以从结构单位的大小来研究判断排列规则和晶体形态。固体可分为晶体、非晶体和准晶体三大类。

具有整齐规则的几何外形、固定熔点和各向异性的固态物质，是物质存在的一种基本形式。固态物质是否为晶体，一般可由 X 射线衍射法予以鉴定。

晶体内部结构中的质点（原子、离子、分子、原子团）有规则地在三维空间呈周期性重复排列，组成一定形式的晶格，外形上表现为一定形状的几何多面体。组成某种几何多面体的平面称为晶面，由于生长的条件不同，晶体在外形上可能有些歪斜，但同种晶体晶面间夹角（晶面角）是一定的，称为晶面角不变原理。

晶体通常呈现规则的几何形状，就像有人特意加工出来的一样。其内部原子的排列十分规整严格，比士兵的方阵还要整齐得多。如果把晶体中任意一个原子沿某一方向平移一定距离，必能找到一个同样的原子。而玻璃、珍珠、沥青、塑料等非晶体，内部原子的排列则是杂乱无章的。如图 4-8 就是雪花晶体的图片。

自然界中还存在其他形状的雪花，我们不得不感慨，微观自然世界的奇妙！

针状雪花

棱状雪花

盘形雪花

星盘形雪花

子弹形雪花

三角晶状雪花

松针形雪花

树枝星状雪花

图 4-8　各种形状雪花晶体图

实践活动

1. 搜集雪花晶体的照片，并分析每种雪花晶体是如何生长的。
2. 了解雪压的概念，掌握雪深的测量。

科学探究

由于大雪对人们生产生活产生影响，特别是影响大家的出行安全，于是就有"融雪剂"这种化学试剂的发现。观察融雪剂工作的过程，并分析融雪剂的工作原理。

第四节　冬至

《小至》

《小至》

［唐］杜甫
天时人事日相催，冬至阳生春又来。
刺绣五纹添弱线，吹葭六琯动浮灰。
岸容待腊将舒柳，山意冲寒欲放梅。
云物不殊乡国异，教儿且覆掌中杯。

　　此诗作于大历元年（766年）或次年（767年），当时诗人漂泊在夔州（今重庆奉节）。首联交代时间，一个"催"字奠定了全诗愁闷的基调；颔联写人的活动，颈联写自然景物的变化，让人感到天气渐暖、春天将近的一丝喜悦；尾联转而写诗人想到自己身处异乡而不免悲从中来。有趣的是，这首诗恰好作于冬至日，想到自己漂泊异乡，所以不禁感慨万千。

　　冬至日是北半球各地一年中白昼最短的一天，冬至节气开始时间在每年公历的12月21—23日。过了冬至以后，太阳直射点逐渐向北移动，北半球白天开始逐渐变长，正午太阳高度也逐渐升高。所以，有俗话说，"吃了冬至面，一天长一线。"从气候上看，冬至时节，西北高原平均气温普遍在0 ℃以下，南方地区也只有6～8 ℃。另外，冬至开始"数九"，冬至日也就成了"数九"的第一天。关于"数九"，民间流传着的歌谣是这样说的，"一九、二九不出手，三九、四九冰上走，五九、六九沿河看柳，七九河开，八九燕来，九九加一九耕牛遍地走。"

　　在我国的北方地区，冬至前后温度往往下降到0 ℃以下，很多地方可以看到湖水结冰、道路结冰的现象。

一　湖面结冰湖陆风

　　众所周知，湖水结冰后，其上面可以滑冰，而冰下却有鱼儿在水里游动，为什么只是湖面结冰呢？湖面结冰的成因是：冬天，气温不断降低,由于热传递,湖面温度要和外界温度保持一致。又因水的流动而形成对流,从而湖面水温和内部水温保持一致。水在约 4 ℃时密度最大,水温高于 4 ℃时,由于热胀冷缩,湖面上温度低的水密度较大,要下沉,湖底温度高的水密度较小,要上升,因而形成对流,使全部湖水不断冷却。当整个湖水的温度都降到 4 ℃时,对流就停止了。这是因为水的温度在 0~4 ℃反常膨胀,即热缩冷胀的缘故。所以当气温继续下降,上层湖水的温度降到 4 ℃以下时,体积膨胀,密度减小,不再下沉,不能形成对流,湖底水的温度能长时间保持在 4 ℃。当上层湖水温度降到 0 ℃,并继续放热时,湖面开始结了层薄冰。由于冰的密度比水小,所以冰会浮在水面上。由于冰是热的不良导体,光滑明亮的冰面又能防止辐射,因此冰下的水放热极为缓慢,需要很长的时间温度才能降到 0 ℃并结成厚厚的冰。所以俗语说的"冰冻三尺非一日之寒"就是这个道理。

冬季的白天,当我们站在湖边,会感觉有刺骨的寒风从湖面吹来,这就是湖陆风。湖陆风与海陆风形成原理类似。湖陆风是一种在沿湖地区在夜间风从陆地吹向湖区,昼间风从湖面吹向陆地而形成的一种地方性的天气气候现象。湖陆风产生的根本原因是湖与陆地之间比热容不同。白天,由于太阳光辐射带来热量,水的比热容较大,吸收热量温度升高较慢,而陆地比热容较小,吸收热量后升温快,这样导致同一时刻两者温度的不同,风从湖面吹向陆地。而到了夜晚,陆地降温快,湖水降温较慢,风从陆地吹向湖面。这就是湖陆风的形成原理。

二 道路结冰及危害

在冬季,道路结冰也是常见的现象。道路结冰是指降水(如雨、雪、冻雨或雾滴等)碰到温度低于 0 ℃的地面而出现的积雪或结冰现象。通常包括冻结的残雪、凸凹的冰辙、雪融水或其他原因的道路积水在寒冷季节形成的坚硬冰层。11 月到次年 4 月(即冬季和早春),出现降温天气,如果伴有雨雪,很容易发生道路结冰。我国北方地区,尤其是东北地区和内蒙古北部地区,常常出现道路结冰现象;而我国南方地区,降雪一般为"湿雪",往往属于 0~4 ℃的混合态水，落地便成冰水糊糊状，一到夜间气温下降，就会凝固成大片冰块，只要当地冬季最低温度低于 0 ℃，就有可能出现道路结冰现象，只要温度不回升到足以使冰层解冻，就将一直坚如磐石。

出现道路结冰时，车辆容易打滑，刹不住车，造成交通事故。行人也容易滑倒，造成摔伤。大面积道路结冰会导致高速公路封闭，机场关闭，对交通造成严重影响，人员物资无法运送。

三　道路结冰的防范措施

（一）道路结冰危害较大，行车要加强防范

1. 非机动车驾驶员应给轮胎少量放气，增加轮胎与路面的摩擦力。

2. 冰雪天气行车应减速慢行，并保持车距。转弯时避免急转以防侧滑，踩刹车不要过急过死。

3. 在冰雪路面行车，应安装防滑链，戴有色眼镜或变色眼镜。

4. 路过桥下、屋檐等处时，要迅速通过或绕道通过，以免上面结冰凌因融化突然脱落伤人。

5. 在道路上撒融雪剂，以防路面结冰；及时组织扫雪。

6. 发生交通事故后，应在现场后方设置明显标志，以防二次事故的发生。

（二）市民遇到道路结冰，要多加注意

1. 外出要采取保暖措施，耳朵、手脚等容易冻伤的部位，尽量不要裸露在外。

2. 行人出门要当心路滑跌倒，穿上防滑鞋。

3. 不要随意外出，特别是要少骑自行车。

4. 确保老、幼、病、弱人群留在家中。

5. 因不慎发生骨折，应做包扎、固定等紧急处理。

6. 过马路要服从交通警察指挥疏导。

7. 如果做溜冰运动，一定要做好防护措施。

 **物理知识点** ···

摩擦力

出现道路结冰时，车轮、鞋子等与路面摩擦作用大大减弱。通过初中的学习，我们知道了摩擦力分静摩擦力和滑动摩擦力。人走路、汽车行驶都要受到地面的静摩擦力。静摩擦力的大小是一个变化的范围，在 0 到最大静摩擦力之间。在粗略计算时，最大静摩擦力又可以看成等于滑动摩擦力。滑动摩擦力的计算公式是：

$$F = \mu F_N$$

式中，F 就是代表滑动摩擦力，F_N 代表接触面的压力，而 μ 是动摩擦因数，跟接触面的材质、粗糙程度有关。表面越光滑的物体，μ 就越小，当 F_N 一定时，F 就越小，越容易发生相对滑动。如表 4-2 所示，为一些常见的材质之间的动摩擦因数。

表 4-2 常见材质之间的动摩擦因数

材料	动摩擦因数	材料	动摩擦因数
钢—钢	0.25	钢—冰	0.02
木—木	0.30	木—冰	0.03
木—金属	0.20	橡胶轮胎—路面（干）	0.71
皮革—铸铁	0.28		

可见，冰面是非常光滑的，冰面与其他材质接触时，动摩擦因数很小，所以人在冰面上行走，所受的摩擦力很小，很容易摔倒。

 **实践活动** ···

记录彩云湖白天和夜间路边的风向变化，验证根据湖陆风形成原理。

科学探究 ···

根据资料分析不同季节海滨城市风向变化，并说明理由。

第五节　小寒

《小寒》

［唐］元稹

小寒连大吕，欢鹊垒新巢。

拾食寻河曲，衔紫绕树梢。

霜鹰近北首，雊雉隐聚茅。

莫怪严凝切，春冬正月交。

　　《小寒》是唐代元稹描写小寒节气的一首诗，小寒节气开始时间在每年公历的 1 月 5—7 日。这首诗的意思是：到了小寒这个节气，就好像古代"音律"之首——"大吕"奏响一般，这时候的喜鹊也感知到春天不远了，开始动身要筑新巢了，它们觅食，总喜欢去河道弯弯的地方，因为那里方便它们口衔树枝和湿泥，进而围绕树梢来筑巢。大雁开始有了北归的苗头，野鸡藏匿在茅草丛里鸣叫。不要抱怨天气仍然寒冷严峻，因为春冬交替马上就要在正月进行了。虽然诗中一直在强调春天不远了，但是小寒节气，气温还是很低的。

　　冬季低层大气稳定低、不稳定能量小，近地面风力小，如果没有冷空气活动，易形成稳定的大气层结，近地面存在逆温层，大气混合层高度较低，导致静稳天气发生频率高。静稳天气通常指近地面风速小、大气稳定的一种底层大气特征，大气持续静稳，不利于污染物稀释和扩散，如果此时湿度较大，易形成雾、霾天气。

一　雾

　　雾是在水汽充足、微风及大气稳定的情况下，相对湿度达到 100% 时，空气中的水汽凝结成细微的水滴悬浮于空中，使地面水平的能见度下降到 1000 m 以下的天气现象。

　　雾多出现于秋冬季节，是近地面层空气中水汽凝结的产物。为什么空气中的水汽会凝结成小水滴呢？这跟我们之前讲的水汽的饱和有关了。白天，温度相对晚上较高，此时水的饱和水汽压较大

（相当于大气中水蒸气含量较高），到了晚上温度降低。我们知道，温度越低，水的饱和水汽压越低（相当于空气中能容纳的水汽变少），此时水汽将达到饱和，从空气中析出形成小水滴。如果温度比较低，还有可能直接凝结成冰晶。这就是雾形成的根本原因。

雾形成的条件一是空气中有凝结核，二是空气湿度大，三是冷却，空气中的水汽过饱和。

由于液态水或冰晶组成的雾散射的光与波长关系不大，因而雾看起来呈乳白色或青白色和灰色。

雾按照天气学分类法，大致可以分为两类。一类是形成于同一气团内的气团雾，此类雾以辐射雾为主。谚语"清晨雾浓，一日天晴"中的雾就是辐射雾。辐射雾多发生在10月至次年3月，11月最多，7—8月最少；另一类是发生在锋区附近的锋面雾，常常伴有降水出现，一般称为雨雾，雨雾多发生在10月至次年3月，12月出现频率最高，7—9月最少。

重庆雾的等级（根据DB 50/T 270—2008气象灾害标准）如下。

雾：水平能见度距离500～1000 m的称为雾。

浓雾：水平能见度距离为100～500 m的称为浓雾。

强浓雾：水平能见度不足100 m的称为强浓雾。

图4-9 雾

二 雾的影响及防范

雾对交通和人体健康都有一定影响。

1.雾是对人类交通活动影响最大的天气之一。由于雾的浓淡不均，会造成驾驶员视觉错误，对距离和车速的判断都与实际情况相差较大，视距变短，容易发生与前车相撞事故。尤其是高速公路上车速较高，一旦发生交通事故，经常会引起连锁反应，最终形成严重交通事故。因浓雾等恶劣天气而造成的交通事故约占总数的四分之一，不仅阻碍交通，更给国家和人民生命财产造成重大损失。

2.雾天空气的污染比平时要严重。污染物、一些有害物质与空气中的水汽相结合，将变得不易扩散与沉降，长时间滞留在这种环境中，极易诱发或加重疾病。尤其是一些患有对环境敏感的疾病，如支气管哮喘、肺炎等呼吸系统疾病的人，会出现正常的血液循环阻碍，导致心血管病、高血压、冠心病、脑溢血等。

3. 雾天日照减少，儿童紫外线照射不足，体内维生素 D 生成不足，对钙的吸收大大减少，严重的会引起婴儿佝偻病、儿童生长减慢。

4. 由于雾天光线较弱，有些人在雾天会产生精神懒散、情绪低落的现象。

雾的防范措施如下。

1. 建议市民尽量乘坐公共交通工具出行，减少机动车上路行驶。

2. 大雾天气里开车出行前，应检查雨刷是否完好；行车要开启雾灯，如果雾气非常大，还可将双闪灯打开；注意加大行车间距，限速行驶；要频繁和平缓踩刹车，勤按喇叭。

3. 建议儿童、老年人和呼吸道、心脑血管疾病患者等易感人群减少户外活动。户外活动可适当采取佩戴口罩等防护措施。

三 霾

悬浮在大气中的大量微小尘粒、烟粒或盐粒的集合体，在大气相对湿度小于 80%，水平能见度降低到 10 km 以下的一种天气现象称为霾。霾是对大气中各种悬浮颗粒物含量超标的笼统表述，尤其是 $PM_{2.5}$（空气动力学当量直径小于等于 2.5 μm 的颗粒物）被认为是造成霾的"元凶"。随着空气质量的恶化，霾这种天气现象出现增多，危害加重。

霾的源头多种多样，比如汽车尾气、工业排放、建筑扬尘、垃圾焚烧，甚至火山喷发等等，但不同地区的霾中，不同污染源的作用程度各有差异。

霾自古有之，刀耕火种和火山喷发等人类活动或自然现象都可能导致霾。不过在人类进入化石燃料时代后，霾才真正威胁到人类的生存环境和身体健康。急剧的工业化和城市化导致能源迅猛消耗、人口高度聚集、生态环境破坏，都为霾的形成埋下伏笔。

霾的形成既有"源头"，也有"帮凶"，这就是不利于污染物扩散的气象条件，一旦污染物在持续静稳的气象条件下积聚，就容易形成霾。霾形成有两个要素。

一是静稳天气，水平方向及垂直方向空气流动减少。水平方向静风现象增多，不利于大气污染物向城区外围扩展稀释。垂直方向出现逆温层，逆温层好比一个锅盖覆盖在城市上空，使城市上空出现了高空比低空气温更高的逆温现象。污染物在正常气候条件下，从气温高的低空向气温低的高空扩散，逐渐循环排放到大气中。但是逆温现象下，低空的气温反而更低，导致污染物的停留，不能及时排放出去。

二是悬浮颗粒物的增加。近些年来随着工业的发展，机动车辆的增多，污染物排放和城市悬浮物大量增加，直接导致了空气中的悬浮颗粒物增加。在静稳天气条件下，就容易形成霾。

霾中通常悬浮着黄色烟尘，来自近地面的微小颗粒等，所以呈现出黄色或橙灰色。

四　霾的危害及防范

霾看似温和，里面却含有各种对人体有害的细颗粒、有毒物质达 20 多种，包括了酸、碱、盐、胺、酚等，以及尘埃、花粉、螨虫、流感病毒、结核杆菌、肺炎球菌等，其含量是普通大气水滴的几十倍。与雾相比，霾对人的身体健康的危害更大。由于霾中细小粉粒状的飘浮颗粒物直径一般在 0.01 μm 以下，可直接通过呼吸系统进入支气管，甚至肺部。所以，霾影响最大的就是人的呼吸系统，造成的疾病主要集中在呼吸道疾病、脑血管疾病、鼻腔炎症等病种上。同时，霾出现时，气压降低、空气中可吸入颗粒物骤增、空气流动性差，有害细菌和病毒向周围扩散的速度变慢，导致空气中病毒浓度增高，疾病传播的风险很高。

有霾出现时的防范措施如下。

1. 没有必要，不外出。如果要出门，最好选择公共交通工具，尽量少开私家车等，以减少污染。

2. 少开窗，应尽量避免早晚霾高峰时段开窗，如果要开窗的话，可以打开一条缝通风，时间不宜太长。有条件的家庭可以购置空气净化器，其对 $PM_{2.5}$ 有强的吸附性。

3. 佩戴口罩。阻挡 $PM_{2.5}$ 最好到正规商店或正规网店购买医用 N95 口罩。

4. 注意个人卫生，外出进入室内时要及时洗脸、漱口、清理鼻腔，去掉身上所附带的污染残留物，以减少 $PM_{2.5}$ 对人体的危害。

五　霾的治理

治理霾最主要的方法是提高能源利用率，同时减少排放。目前各种化石能源的大规模使用是造成灰霾天气的最主要原因。中国北方发电大多数为火力发电，需要燃烧煤，能量的利用率不可能达到100%，而实际上燃烧的煤释放的化学能只有不到30%被转化为电能，其余的都被浪费掉了，能源利用率较低。减少能源的使用是不现实的，如果改进现有能源技术，提高能源利用率，环境问题与能源问题会同时得到解决，人类社会也会得到可持续的发展。

植树造林也是治理霾的重要方式。植树造林对于调节气候、涵养水源、减轻大气污染具有重要意义。因为树木有吸收二氧化碳、放出氧气的作用，兼有抵挡风沙，美化环境等功能。这需要全民参与，不仅可以美化家园，减轻了水土流失和风沙对农田的危害，而且还有效提高了森林生态系统的储碳能力。

六　能见度观测

能见度是反映大气透明度的一个指标，用气象光学视程表示。气象光学视程是指白炽灯发出色温为 2700 K 的平行光束的光通量在大气中削弱至初始值的 5% 所通过的路途长度。白天能见度是指视力正常（对比感阈为 0.05）的人，在当时天气条件下，能够从天空背景中看到和辨认的目标物（黑色、大小适度）的最大距离。

能见度和当时的天气情况密切相关。当出现降雨、雾、霾、沙尘暴等天气过程时，大气透明度较低，因此能见度较差。测量大气能见度一般可用目测的方法，也可以使用大气透射仪、激光能见度自动测量仪等测量仪器测试。

物理知识点 ···

维萨拉大气透射仪

维萨拉（Vaisala）大气透射仪直接对两点之间的空间大气透射率进行测量，对大气散射和吸收而引起的平均消光系数进行估算，因具有自检能力和低能见度下性能好等优点而广泛运用于民用航空机场。

图 4-10　LT31 透射仪（发射机单元）　　　　　图 4-11　LTR111 透射仪（接收机单元）

Vaisala 公司生产设计的 LT31 透射仪采用的是光学透射式测量方法，其基本原理是通过计算光束由于大气吸收和散射引起的消光系数，算出光学视程 MOR。工作时，由发射机（见图 4-10）发出一束光强为 I_0 的平行光，通过 L 的大气衰减后，被接收机接收到的光强为 I，测量两点的透射率可以计算出消光系数 σ。根据 Lamber-Bouguer 定律可知气象光学视程 MOR 定义为 2700 K 色温的白炽灯发出的平行光束产生的能量在大气中降低到它初始值的 0.05 的长度。当选取阈值为 0.05 时，计算出光学视程 MOR。MOR=L ln0.05/lnT。

LT31 透射仪是用于航空气象测量跑道视程的设备，跑道视程简称 RVR。计算 RVR 基于以下三个数值：跑道视程 MOR、背景光亮度、跑道灯光强度；透射仪能直接测量出大气能见度，根据 Koschmic 定律计算出光学视程 MOR，LT31 透射仪上安装有背景光亮度计 LM21 可测量出背景光亮度，背景亮度通过人工设置，系统在获得这三个数值，计算出跑道视程 RVR。

双反射透射式能见度仪

双反射透射式能见度仪主要根据光束在大气中传播、散射及吸收的基本原理，采用CCD拍摄远近两个光斑，从所得图像中获得光在大气中传播之后的衰减量从而得到消光系数再进一步反演出能见度。它解决了传统透射式能见度仪光源与传感器之间的对准难题以及器件污染问题，是一种新型的透射式能见度仪，在天气现象自动化观测方面具有重要意义。目前该能见度仪在北京市观象台和成都信息工程大学气象观测场进行长时间外场试验，并同时进行能见度黑体标定试验，能见度反演结果基本稳定。

实践活动 ···

查阅资料，了解静稳天气典型的探空图，自己动手绘制一张。

科学探究 ···

分析雾的时空分布特征，特别是重庆雾日的年际变化。

第六节　大寒

《大寒吟》

[北宋] 邵雍
旧雪未及消，新雪又拥户。
阶前冻银床，檐头冰钟乳。
清日无光辉，烈风正号怒。
人口各有舌，言语不能吐。

　　《大寒吟》是宋朝著名文学家邵雍的代表作品之一。诗的大意是：前些日子落的雪还没有来得及化解消融，新下的大雪又封门闭户；长长的石阶覆盖着厚厚的白雪就像是银色的床铺一样，高高的屋檐垂挂的冰柱就像是倒悬的钟乳石一样；清冷的天上冬阳失去了温暖的辉光，肆虐的暴风却在狂怒地呼号；人们口中的舌头也仿佛被冻住了不能言语——怎一个"寒"字了得！每次读到这首《大寒吟》，脑海里总浮现出天寒地冻、茫茫大雪的情景。

　　大寒是全年二十四节气中的最后一个节气（公历 1 月 19—21 日）。大寒，是天气寒冷到极点的意思。在这个时节，中国南方大部分地区平均气温多为 6～8 ℃。北方已是天寒地冻一片萧条的景象。在这个时候，容易出现冻雨这种灾害性天气。

一　冻雨和雨凇

　　当空气温度降低时低于 0 ℃的雨滴在温度略低于 0 ℃的空气中能够保持过冷状态（过冷雨滴），其外观同一般雨滴相同，当它以降雨的形式落到地面时，就是我们所说的冻雨。当冻雨落到温度为 0 ℃以下的物体上时（物体相当于凝结核），立刻冻结成外表光滑而透明的冰层（图 4-12），这就是雨凇 。

　　冻雨的危害：冻雨大量的积累结冰，会压倒电线杆和铁塔，影响人们生活正常通讯。较强的冻雨会导致路面严重结冰，车辆出行非常容易打滑，交通事故发生率较高。另外，过冷的雨水会影响到飞机的机翼、螺旋桨，严重时还会导致飞机事故。因为飞机在有过冷水滴的云层中飞行时，飞机就相当于凝结核，过冷水会凝结成冰附着在机翼、螺旋桨等位置上，影响飞机正常飞行。农业方面，冻雨降到植物上，植物会被冻伤或死亡，尤其一些正在成长的幼苗，非常容易在一场冻雨中死亡；比

图 4-12 雨凇

较大的果树容易被冻伤，影响产量；农田土地会被冻住，要发芽的幼苗受到影响，错过最佳的出土时期，影响幼苗的正常发育，从造成严重的农业损失。

那么，如何预防冻雨呢？

1. 交通出行车辆自然是要做好防滑措施，掌握相关的行车技巧，行车时要与前后车辆保持一定距离。

2. 为了防止电线杆、铁塔被积累的雨凇压倒，我们要及时进行清理雨凇。

3. 飞机在起飞之前，要检查飞机上和跑道上是否有雨凇，如果有雨凇，要及时采取融冰措施。

4. 农业方面的预防。在冻雨发生之前一定要做好保暖工作，尤其一些农田幼苗，最好是拉上塑料篷，避免与冻雨的直接接触。果树的枝干要及时拿塑料包上，以防出现大量结冰。

二 过冷水和雾凇

与过冷水有关的另外一种天气现象就是雾凇（图 4-13）。雾凇有两种，一种是过冷却雾滴碰到冷的地面物体后迅速冻结成粒状的小冰块，称为粒状雾凇（或硬凇），它的结构较为紧密。另一种是由雾滴蒸发时产生的水汽凝华而形成的晶状雾凇（或软凇），结构较松散，稍有震动就会脱落。

图 4-13 雾凇

物理知识点

过冷水

冻雨可以理解为空中的过冷水滴，雨凇与雾凇的形成都与过冷水（雾）滴有关。那为什么是过冷现象，什么是过冷水呢？

在一定压力下，当液体的温度已低于该压力下液体的凝固点，而液体仍不凝固的现象称为液体的过冷现象，此时的液体称为过冷液体，这是一种热力学上的不稳定状态。液体越纯，过冷现象越明显。如果该液体是水，我们知道当水温降到 0 ℃ 时，水开始结冰，如果水中没有其他杂质，水极有可能温度降低到 0 ℃ 以下还不凝固，这就是过冷水。高纯水 −40 ℃ 才开始结冰。这是因为液体太过纯净，没有凝固所需的"结晶核"所致。当具备凝固所需物质，例如投入少许固体，都能让液体迅速凝固。过冷液体是不稳定的，当过冷液体温度上升、被摇晃时反而会出现冰冻现象。

实践活动

查阅资料，通过学习冻雨、雨凇发生的条件，请绘制冻雨和雨凇发生时的气温垂直分布图。

科学探究

查阅相关资料，分析 2008 年低温雨雪冰冻天气期间的大气环流形势和逆温层变化。